미래를 읽다 과학이슈 11
Season 9

미래를 읽다 과학이슈 11 *Season* **9**

2판 1쇄 발행 2021년 3월 31일

글쓴이	이해국 외 12명
펴낸이	이경민

편집장	허준회
편집	이충환
디자인	비스킷

펴낸곳	㈜동아엠앤비
출판등록	2014년 3월 28일(제25100-2014-000025호)
주소	(03737) 서울특별시 서대문구 충정로 35-17 인촌빌딩 1층
전화	(편집) 02-392-6901 (마케팅) 02-392-6900
팩스	02-392-6902
이메일	damnb0401@naver.com
SNS	

ISBN 979-11-6363-384-6 (04400)

밍래를 읽다 과학이슈 11 Season 9

이해국 외 12명 지음

동아 엠앤비

게임중독, 아프리카돼지열병에서 일본 방사능, 미세플라스틱까지 최신 과학이슈를 말하다!

2019년은 국내외적으로 다사다난한 한 해였다. 과학 분야나 과학 관련 분야에도 많은 사건이 있었다. 4월 10일 사건지평선망원경(Event Horizon Telescope, EHT) 프로젝트 소속 국제 공동 연구진에서 인류 최초의 블랙홀 영상을 공개했고, 5월 25일 스위스 제네바에서 열린 세계보건기구(WHO) 총회에서는 게임중독에 '게임사용장애'라는 질병 코드를 부여했다. 여름에는 아마존 열대우림에 대형 산불이 지속되면서 전 세계적으로 관심과 걱정을 불러일으켰고, 10월 초에는 2019 노벨 과학상이 발표되면서 세계 과학계가 일반인의 주목을 받았다. 9월 17일에는 치사율 100%라는 무시무시한 돼지 전염병인 아프리카돼지열병이 국내에서 처음으로 공식 확진되어, 국내 사육 돼지가 대량으로 살처분되기도 했다.

특히 2019년에는 일본과 엮인 이슈가 많았다. 일본은 일제 강점기 징용공들에 대한 일본 기업들의 배상 책임을 인정한 우리나라 대법원의 확정 판결에 반발해 반도체 핵심 소재의 한국 수출을 제한했고, 후쿠시마 원전 부지 내의 탱크에 저장하고 있는 방사능 오염수를 태평양에 방류하겠다는 움직임을 보이기도 했다. 한국 수출 규제 제한은 우리나라의 일본 불매 운동을 촉발했고, 방사능 오염수 방류 움직임은 전 세계의 우려를 자아냈다. 2019년을 뜨겁게 달군 과학이슈를 조금 더 구체적으로 살펴보자.

WHO에서 게임중독에 '게임사용장애'라는 질병 코드를 부여하자 국내 게임업계와 의학계에서는 이를 두고 격렬한 논란이 일어났다. 과학이슈 편집부에서는 이 이슈를 심층적으로 파악할 수 있도록 세 명의 의학 전문가로부터 직접 기고를 받았다. 과연 WHO에서 게임사용장애의 질병 코드를 결정하게 된 배경과 근거가 무엇일까?

중국, 베트남, 대만, 북한을 삼킨 아프리카돼지열병이 국내까지 상륙했다. 농림축산식품부에서는 즉시 위기 경보 단계를 최고 수준인 '심각' 단계로 격상했고 확진된 돼지 농장의 사육 돼지들을 살처분했다. 아프리카돼지열병이란 무엇이고, 사람에게는 문제가 없는 걸까? 아프리카 케냐에서 처음 보고된 이 질병이 어떻게 전 세계에 전파됐을까? 우리나라에는 어떻게 유입됐을까? 관련 백신을 개발하기 어려운 이유는 무엇일까?

2019년 8월 도쿄전력에서는 일본 경제산업성 소위원회에 '후쿠시마 원전 부지 내의 처리수 저장 탱크가 2022년 여름 포화상태가 될 것으로 예상된다'고 보고했다. 이어 방사능 오염수를 태평양에 방류하는 계획을 추진한다는 내용이 흘러나왔다. 후쿠시마 방사능 오염수는 방사선량이 어느 정도일까? 과연 우리에게는 어떤 영향을 미칠까?

최근 미세플라스틱이 신종 환경 문제로 등장해 미세먼지에 못지않게 주목받고 있다. 2019년 5월에는 한 사람이 매주 섭취하는 미세플라스틱의 양이 무게로 따지면 볼펜한 자루와 맞먹는다는 연구결과가 나와 충격을 주었다. 2018년에는 세계 주요 생수에서, 2017년에는 국내 정수장의 수돗물에서 미세플라스틱이 검출되기도 했다. 미세플라스틱이란 무엇이고 어떻게 생기는 걸까? 환경과 생물, 그리고 인체에는 어떤 영향을 미칠까?

이외에도 종양 유발 세포가 포함됐다는 사실 때문에 2019년 3월 31일 유통과 판매가 금지된 '국내 첫 유전자치료제' 인보사, 2019년 4월 10일 사건지평선망원경 프로젝트 소속 연구진에서 공개한 인류 최초의 블랙홀 영상, 2019년 7월 일본에서 수출 규제 대상으로 발표한 반도체·디스플레이 생산에 필요한 세 개 핵심 소재인 불화수소, 포토레지스트, 플루오린 폴리이미드, 2018년 정부 주도로 국가 시범도시 사업을 시작해 2019년 지자체와 민간으로 확대된 스마트시티, 2019년 전년도에 비해 77%가 늘어난 3만 9천여 건의 화재가 발생한 아마존 열대우림, 중국 사천 지방의 향신료 '마라'가 일으킨 매운맛 열풍, 2019년 10월 초에 발표된 노벨 과학상(생리의학상, 화학상, 물리학상) 등이 최근 우리나라에서 널리 회자됐던 과학 관련 이슈였다.

요즘에는 과학적으로 중요하거나 과학으로 해석해야 하는 굵직한 이슈들이 쏟아져 나온다. 이런 이슈들을 제대로 설명하고 해석하기 위해 전문가들이 힘을 합쳤다. 국내 대표 과학 매체의 편집장, 과학 전문기자, 과학 칼럼니스트, 관련 분야의 연구자 등이 2019년 화제가 되어 주목해야 할 과학이슈 11가지를 선정했다. 이 책에 뽑힌 과학이슈가 우리 삶에 어떤 영향을 미칠지, 그 과학이슈는 앞으로 어떻게 전개될지, 그 때문에 우리 미래는 어떻게 바뀌게 될지 생각해 보면 좋겠다. 이를 통해 사회현상을 깊이 분석하다 보면, 일반교양을 넓힐 수 있을 뿐만 아니라 논술, 면접 등을 대비하는 데에도 큰 도움을 얻을 수 있을 것이라 확신한다.

2020년 1월 편집부

ISSUE 11

contents

게임중독도 질병?

이해국

가톨릭대학교를 졸업하고, 동 대학원에서 알코올 중독의 유전학적 특성에 대한 연구로 박사학위를 취득했다. 현재는 동 대학 의정부성모병원 정신건강의학과에서 교수로 일하고 있다. 미국 국립알코올연구소에서 1년 반 동안 방문연구원으로 일하면서, 알코올 문제에 대한 역학과 정책을 연구했다. 2010년부터 보건복지부 알코올사업지원단, 중앙정신보건사업지원단 위원과 단장, 부단장 등으로 일하며, 중독역학, 예방관리정책에 대한 사업과 자문활동을 해왔다. 2010년부터는 세계보건기구의 글로벌음주폐해예방자문위원회 한국위원, 2014년부터는 행위중독대응자문 TF 위원으로 일하고 있다. 또한 '중독 없는 세상을 위한 다학제연구네트워크 중독포럼' 상임운영위원회 위원으로 일하면서 다양한 공익활동에도 힘쓰고 있다.

정조은

충남대학교 의과대학을 졸업하고 가톨릭대학교 중앙의료원에서 정신과학 수련을 했다. 이후 가톨릭대학교 정신과학 석박사과정을 수료한 뒤, LPJ 마음건강의원 원장, 서울성모병원 정신건강의학과 임상조교수를 거쳐, 현재 대전성모병원 정신건강의학과에서 진료를 보고 있으며, 한국중독정신의학회 총무간사로 활동하고 있다. 중독질환에서 뇌의 변화, 뉴로모듈레이션을 이용한 중독치료, 여성에서의 중독문제에 대한 연구를 진행하고 있다.

이상규

고려대학교 의과대학을 졸업한 뒤 현재 한림대학교에서 정신과학 교수로 재직 중이다. 2006년부터 춘천중독관리통합지원센터장으로 지역의 알코올, 도박 및 게임 사용장애 환자들을 위한 치료 및 예방 활동에 힘쓰고 있다. 미국 예일대학교 도박센터에서 교환교수로 근무했고, 현재 한국중독정신의학회 이사장으로 활동하고 있다. 알코올 중독 외에도 행위 중독에 대한 연구에 집중하고 있으며, 청소년 중독문제에 대한 예방 및 치료, 건강한 생활습관 관리의 인식 개선 활동에 전념하고 있다.

세계보건기구, '게임사용장애' 질병코드 부여

2019년 5월 25일 스위스 제네바에서 열린 세계보건기구(World Health Organization, WHO) 제72차 총회에서 '게임사용장애'가 포함된 국제표준질병분류체계(International Classification of Diseases, ICD)가 통과됐다. 이후 국내에서는 게임중독과 관련된 질병 코드 도입을 두고 의료계와 게임업계 사이에서 격렬한 논란이 벌어지고 있다.

의료계에서는 이미 게임사용장애에 대한 증거가 충분하고 현재에도 일선에서 치료가 이뤄지고 있는 만큼 질병 코드를 부여해 좀 더 체계적인 진료 체계를 갖춰야 한다는 입장을 보이고 있다. 게임중독 질병분류가 중독자를 체계적으로 관리하기 위한 목적이라는 뜻이다. 반면 게임업계에서는 게임중독을 규정할 구체적 근거와 기준이 없는 상황에서 무리하게 질병 코드를 도입할 경우 국내 게임산업을 위축시킬 수 있다고 주장하고 있다.

과연 세계보건기구에서 국제표준질병분류체계를 개정하면서 게임사용장애의 질병 코드를 결정하게 된 배경과 근거는 무엇일까. 이와 관련된 연구결과에서부터 앞으로의 전망까지 자세히 살펴보자.

국제표준질병분류체계 개정 과정에서 게임사용장애 질병코드 결정

제72차 세계보건기구(WHO) 회원국 총회에서는 1990년대 개정된 국제표준질병분류체계(ICD) 제10판을 제11판으로 업데이트하는 안을 만장일치로 승인했다. 이 결정에 따라 과거 2만여 개에 그쳤던 질병 및 질병관련상태에 대한 진단이 그간 변화된 사회 환경적 맥락을 반영하여, 5만여 개로 늘어나게 됐다. 이런 변화 중의 하나로, 정신행동건강 영역에서는 새롭게 행위중독영역이 신설되고 그 하부진단으로 가칭 '게임사용장애(gaming disorder)'가 포함됐다. 이런 결정은 게임(온라인과 오프라인 게임 모두 포함)의 과도한 몰입으로 인해 발생하는 문제가 전 세계적으로 광범위하고 일관되게 발생하는 건강문제라는 것, 따라서 보건의료체계가 공식적이고 책임 있게 대응해야 한다는 점을 명확히 한 것이다.

ICD란 건강체계가 대응해야 할 건강문제를 정의하고, 여기에 기호(영문과 숫자로 구성)를 부여하여 각 나라가 통일되게 기록하고 보고하는, WHO에 의해 관리되는 체계이다. 따라서 이 체계는 나라별로 건강문제에 대한 통계를 공유하고, 필요한 연구나 협력체계를 구축하는 데 중요한 근거가 된다. 또한 대내적으로는 병원이나 보건소 등에서 관련 증상을 호소하는 대상자가 있을 때 이에 대한 코드를 적용하고 건강서비스를 제공하는 근거로 사용한다. 결국 세계보건기구에서 이를 결정

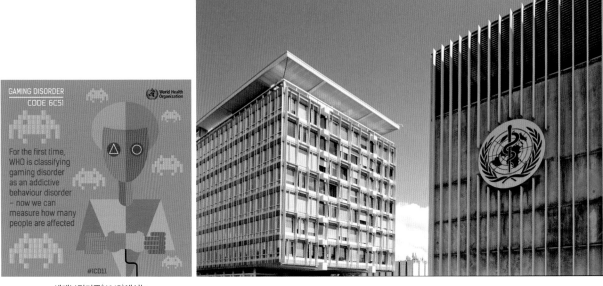

세계보건기구(WHO)에서는
스위스 제네바에서
열린 제72차 총회에서
'게임사용장애(gaming
disorder)'에 처음으로 질병
코드를 부여했다.

하고 회원국에서 각 나라 체계에 이를 반영하는 과정은 보건의료서비스
체계 내에 국한되는 행정적 · 기술적 과정이다.

WHO 결정의 배경 및 공중보건학적 의미

ICD에서 정의한 '게임사용장애(gaming disorder)'는 과도한 게임
으로 일상생활 주요영역에 심각한 손상이 발생한 경우를 의미한다. 즉,
게임 중독으로 인해 일상생활 기능손상이 발생하는 경우를 '게임사용장
애'로 정의하는 것이다. 이번 결정의 구체적 배경은 다음과 같다.

첫째, 대다수 건강한 게임 사용자들과 달리, 중독에 가까운 게임
으로 일상생활 주요영역에 심각한 기능 손상이 발생하는 대상자가 존재
한다. 이는 단순히 게임 산업 발전과정의 부수적 부작용으로 다루기에
부족한, 전 세계적으로 발생하는, 심각한 건강문제로 공중보건의 대응
이 필요한 문제라는 것이다.

둘째, 뇌영상연구, 장기추적연구, 관련 건강폐해연구 등과 같이

질병으로 분류할 수 있는 충분한 기전 · 임상 · 진단 · 역학연구가 되어 있다는 것이다. 과학적으로 이견이 있는 부분은 지속적으로 충분히 통합될 수 있다.

셋째, '게임사용장애'는 현재의 정신행동건강 및 보건의료심리상담복지체계가 일정 정도의 준비를 통해 충분히 진단하고 평가하고 개입할 수 있는 문제라는 것이다.

넷째, 공식 진단체계를 이용한 객관적이고 체계적인 임상사례 축적, 예방, 치료서비스 제공 등을 통해 '게임사용장애'를 앓고 있는 사람과 그 가족, 나아가 공중보건에 큰 이점이 있을 것이라는 점이다.

특정 비적응적 정신행동 문제가 중독성 장애(질환 또는 장애)로 인정되기 위해서는 질병의 뇌과학적 기전, 질병 고유의 자연사적 경로(natural history of disease), 그러한 정신행동문제에 따른 공중보건학적 폐해 등 세 가지 측면에서의 근거가 필요하다.

먼저 뇌과학적 기전을 살펴보면, 게임의 사용으로 대뇌기쁨회로에서 도파민이 분비되는데, 중독적 사용자에게서는 도파민 회로의 변형이 일어난다는 것이다. 질병의 자연사적 경로의 경우 장기추적조사를 통해 중독적 게임 사용상태가 상당 부분(10~50%) 지속된다는 것이 밝혀졌다. 끝으로 공중보건학적 폐해를 들여다보면, 게임의 중독적 사용으로 우울, 불안, 충동성, 학습기능감퇴, 직업기능감퇴, 비만과 근골격계질환 같은 신체 건강의 이상 문제 등이 증가한다는 근거들이 최근 10년간의 연구를 통해 축적되어 있다는 것이다.

따라서 ICD-11에 '게임사용장애'를 등재하는 일을 추진하기로 한 것은 이런 연구결과를 확인하고, 보건 전문가들이 일정 기준에 합의한 결과이다. 결국 비적응적인 게임사용 상태 중 가장 심각한 경우를 질병 상태로 규정함으로써 관련 연구와 자료 수집을 촉진하고, 예방과 치료 서비스를 제공하는 것이 공중보건에 이익이 클 것이라고 WHO 및 관련 분야의 학계에서는 판단하고 있는 것이다.

게임사용장애 시, 대뇌기쁨회로에서 도파민 분비 및 도파민 회로 변형

그렇다면 게임을 할 때 우리 뇌에서는 어떤 일이 벌어지고 있을까. 지금까지의 연구 결과들을 바탕으로 좀 더 알아보자. 먼저 영국에서 시행한 연구가 있다. 여덟 명의 성인 남자들에게 한 번은 한 시간 동안 게임(탱크를 이용하여 적을 물리치는 게임)을 하게 하고, 다른 한 번은 게임을 하지 않고 아무것도 없는 화면을 보고만 있도록 했다. 게임을 하는 동안과 하지 않는 동안을 비교하기 위해서였다. 연구 결과 각 참가자의 뇌에서 게임을 하는 동안 도파민이라는 신경전달물질이 선조체(striatum)에서 분비됐고 게임 레벨이 올라갈수록 그 분비도 점점 많았다. 선조체에 작용하는 도파민은 기쁨과 즐거움으로 이어지는 신경회로, 소위 보상회로(reward pathway), 즉 대뇌기쁨회로라는 뇌의 경로에서 중요한 역할을 하며, 보상을 주는 외부 자극을 학습하는 과정에서 어떤 행동을 강화하는 물질이다.

영국에서 시행된 연구 이후, 지속적이거나 반복적인 인터넷 또는

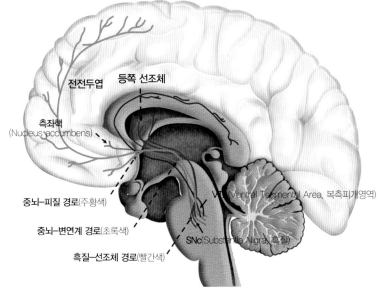

도파민 회로에는 여러 종류가 있다. 초록색 경로가 대뇌기쁨회로(보상회로)에 해당한다.
© Oscar Arias-Carrión et al.

전전두엽   등쪽 선조체

측좌핵
(Nucleus accumbens)

중뇌-피질 경로(주황색)

중뇌-변연계 경로(초록색)

흑질-선조체 경로(빨간색)

VTA(Ventral Tegmental Area, 복측피개영역)

SNc(Substantia Nigra, 흑질)

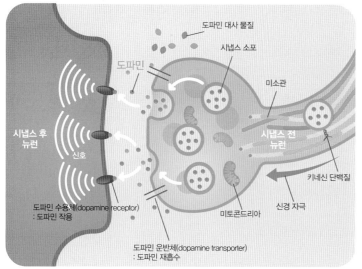

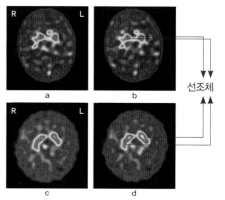

도파민 신경전달 과정에서는 도파민 수용체와 운반체가 중요한 역할을 한다. 인터넷을 오랫동안 지속적으로 사용한 사람(인터넷사용장애군)은 도파민 수용체의 효율성이 떨어지고, 도파민 운반체의 발현도 줄어들었다. 인터넷사용장애군(a, b)의 경우 뇌 선조체의 도파민 운반체 발현이 대조군(c, d)에 비해 감소함을 알 수 있다.

© Hou et al, (2012), Journal of Biomedicine and Biotechnology

게임 사용과 도파민 신경전달 및 보상회로와의 연관성을 살펴보는 연구들이 지속적으로 진행됐다. 우리나라 성인 남자를 대상으로 인터넷을 하루 평균 일곱 시간 이상 사용하는 군과 두 시간 남짓 사용하는 군을 대상으로 뇌의 도파민 신경전달 효율을 비교한 연구가 그중 하나이다. 도파민이 기능하려면 수용체(dopamine receptor)와 결합해야 하는데, 인터넷을 많이 사용하는 군에서는 선조체의 일부인 미상핵(caudate)에서 도파민 수용체의 효율성이 떨어져 있었다.

또한 이 효율성의 감소 정도는 인터넷을 오래 사용한 사람일수록 더 컸다. 이뿐만 아니라 도파민을 재흡수해 분해하거나 저장하는 데 필요한 도파민 운반체(dopamine transporter)의 경우에도 인터넷을 오랜 기간 지속적으로 사용한 사람(평균 7년, 하루 열 시간 이상)이 그렇지 않은 사람(하루 3~4시간 사용)보다 발현이 줄어들어 있었다. 이는 무엇인가 즐겁고 재미있고 만족스러운 일이 생길 때, 대뇌기쁨회로(보상회로)에서 작용하는 도파민이 제대로 기능하지 않는 보상 결핍 증후군(reward deficiency syndrome)에서 보이는 현상과 유사한 변화이다.

보상 결핍 증후군은 보상회로에서 도파민이 부족하거나 도파민

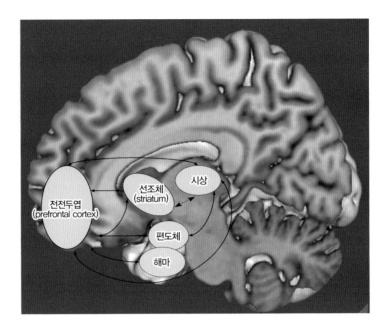

대뇌기쁨회로의 도파민 신경세포는
특히 전두엽 영역(prefrontal area)과
연결되어 전두엽에서 받아들인
신호에 의해 활동이 조절된다.
© Petergstrom

사용 효율이 떨어지는 것으로, 더 강한 자극을 원하게 되는 중독, 강박
혹은 충동 행동 등과 연관돼 있다고 알려져 있다. 즉, 알코올, 마약같은
중독성 물질이 대뇌기쁨회로를 반복적으로 자극하면 우리 뇌에서는 신
경적응(neuroadaptation)이 일어나 도파민 사용 효율이 떨어지는데, 이
때문에 더 많은 양의 물질을 원하는 갈망, 내성, 금단 등의 중독, 강박
증상을 유발한다는 것이다.

전두엽 기능도 저하

대뇌기쁨회로의 도파민 신경세포는 다른 뇌영역, 특히 고차원적
인 정보 처리를 통해 행동을 조절하는 뇌의 사령탑 역할을 하는 전두엽
영역(prefrontal area)과 연결되어 전두엽에서 받아들인 신호에 의해 활
동이 조절된다. 게임사용장애에서는 이런 전두엽 영역의 부피와 기능
이 변화한 사례를 보고한 연구들이 있다. 게임사용장애로 분류된 참가
자들은 6년 이상, 하루 평균 다섯 시간 이상 인터넷을 사용하고 있었는
데, 하루 두 시간 정도 인터넷을 사용하고 있는 일반 사용자로 분류된

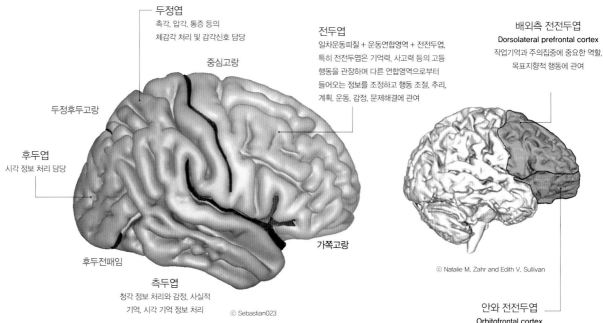

두정엽
촉각, 압각, 통증 등의
체감각 처리 및 감각신호 담당

중심고랑

두정후두고랑

후두엽
시각 정보 처리 담당

후두전패임

측두엽
청각 정보 처리와 감정, 사실적
기억, 시각 기억 정보 처리

ⓒ Sebastian023

가쪽고랑

전두엽
일차운동피질 + 운동연합영역 + 전전두엽.
특히 전전두엽은 기억력, 사고력 등의 고등
행동을 관장하며 다른 연합영역으로부터
들어오는 정보를 조정하고 행동 조절, 추리,
계획, 운동, 감정, 문제해결에 관여

배외측 전전두엽
Dorsolateral prefrontal cortex
작업기억과 주의집중에 중요한 역할,
목표지향적 행동에 관여

ⓒ Natalie M, Zahr and Edith V, Sullivan

안와 전전두엽
Orbitofrontal cortex
욕구 또는 동기에 관련된 정보를 처리하는 데
관여하며 감정적, 정서적 정보를 상황에 맞게 조절해
적절한 사회적 행동을 수행하게 하는 기능 담당

참가자들보다 전두엽 뇌영역〔배외측 전전두엽(dorsolateral prefrontal cortex), 안와 전전두엽(orbitofrontal cortex)〕의 부피가 더 작았다. 또한 부피가 작아진 전두엽 뇌영역과 선조체를 포함하는 기저핵(basal ganglia)과의 기능적 연결 정도를 봤을 때 인터넷 게임사용장애군에서 그 연결성이 감소돼 있었다.

또한 두 그룹에서 30분간 게임(롤플레잉게임 MMORPG)을 할 때와 하지 않았을 때 뇌의 에너지원인 포도당 대사(뇌의 활성도 반영)에 어떤 차이가 있는지도 비교해 봤다. 그 결과 두 그룹 모두에서 게임을 할 때 시각중추인 후두엽에서 뇌의 활성도가 증가하는 반면, 전두엽에서 뇌의 활성도는 감소됐으며 게임사용장애 그룹에서 그 감소 정도가 더 높았다.

우리나라에서도 하루에 세 시간 이상, 10년 정도 인터넷 게임을 해 온 게임사용장애 그룹과 하루 평균 1.2시간 게임을 한 그룹 간에 뇌 부피의 차이를 비교해 본 결과 외국 연구에서처럼 게임사용장애 그룹에서 전두엽 뇌영역의 용적이 감소해 있었고, 이 용적의 감소는 충동성, 게임 사용 기간과 연관성을 보였다.

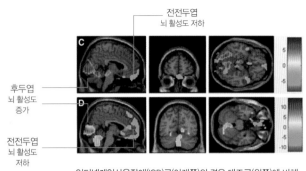

전전두엽
뇌 활성도 저하

후두엽
뇌 활성도
증가

전전두엽
뇌 활성도
저하

인터넷게임사용장애(IGD)군(아래쪽)의 경우 대조군(위쪽)에 비해 게임을 할 때 전두엽에서 뇌 활성도(포도당 대사)가 더 감소했음을 확인할 수 있다. 단, 시각중추인 후두엽에서 뇌 활성도는 두 그룹 모두에서 증가했다.

ⓒ Tian et al. (2014), European Journal of Nuclear Medicine and Molecular Imaging

이는 인터넷, 게임 사용이 도파민 신경회로뿐만 아니라 충동 억제, 오류 수정, 행동 계획 등과 연관된 전두엽 영역까지도 관련돼 있을 수 있음을 시사한다. 도파민 신경회로의 전두엽 영역은 전두엽 – 기저핵 – 시상 – 다시 전두엽으로 이어지는 회로(Cortico-Basal ganglia-Thalamo-Cortical loop, CBGTC loop)의 일부이며, 이 회로는 강박적인 습관 형성, 강박장애, 주의력결핍 과잉행동장애(Attention Deficit Hyperactivity Disorder, ADHD), 투레트 증후군(틱장애)과도 연관돼 있다.

아직까지는 이러한 연구 결과에 대해 결론을 내릴 수는 없다. 인터넷 게임을 이용해 집중력, 시각운동기능(visuomotor function) 같은 특정 인지기능이 향상됐다는 연구들도 보고되고 있기 때문이다.

또한 게임의 종류에 따라 다양한 캐릭터들을 분석하고 여러 정보를 통합해 전략을 세워야 하는 게임도 있다. 하지만 이런 게임들 안에도 일상생활에서 접하는 것보다 강렬하고 다양한 시각 · 청각적 자극, 즉각적으로 주어지는 보상(예를 들어 신속하게 결정되는 승패, 레벨업, 프로그램 업데이트), 전략과 관계없는 우연적인 요소 등이 함께 존재하고 있다. 프로게이머와 일반 게이머가 같은 게임을 하더라도 활성화되는 뇌의 영역이 다르다는 일부 연구결과도 이를 반영하고 있을 것이다.

우리 뇌는 신경가소성(neuroplasticity)이라는, 경험에 의해 변화되는 능력을 갖고 있다. 특히 청소년기의 뇌는 아직까지도 발달하고 있는 시기이기 때문에 외부 자극 등에 더 많은 영향을 받는다. 그런데 이런 청소년의 생활에서 찾을 수 있는 재미라는 것이 쉽게 접근할 수 있는 인터넷, 게임 이외에는 별로 존재하지 않는다는 점은 문제이다.

우리가 인터넷, 게임의 재미, 스트레스 해소 등 순기능적인 요소

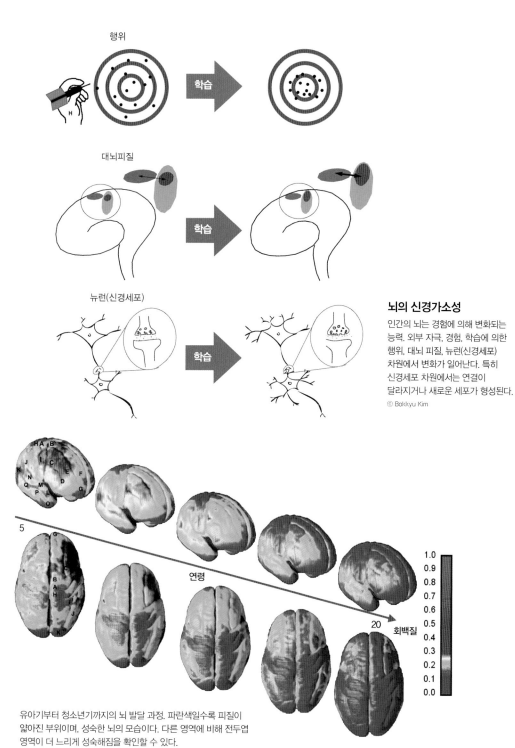

행위

학습

대뇌피질

학습

뉴런(신경세포)

학습

뇌의 신경가소성

인간의 뇌는 경험에 의해 변화되는
능력. 외부 자극, 경험, 학습에 의한
행위, 대뇌 피질, 뉴런(신경세포)
차원에서 변화가 일어난다. 특히
신경세포 차원에서는 연결이
달라지거나 새로운 세포가 형성된다.
ⓒ Bokkyu Kim

유아기부터 청소년기까지의 뇌 발달 과정. 파란색일수록 피질이
얇아진 부위이며, 성숙한 뇌의 모습이다. 다른 영역에 비해 전두엽
영역이 더 느리게 성숙해짐을 확인할 수 있다.
ⓒ Nitin Gogtay et al. (2004), PNAS

만을 취하고, 사용 조절의 어려움으로 일상생활에 미치는 부정적인 영향 등 역기능적인 요소에서는 안전할 수 있다면 가장 좋을 것이다. 하지만 우리 뇌는 그것을 선별해서 학습할 수가 없다. 그렇기 때문에 인터넷, 게임을 할 때 우리 뇌에서 일어나는 변화 및 그에 따른 행동을 이해하고 이런 이해를 바탕으로 인터넷, 게임을 어떻게 이용해야 하며, 비적응적인 사용에 어떻게 대처하고 개입해야 할지를 알 수 있어야 한다.

게임사용장애의 진단 과정

그렇다면 게임사용장애를 진단하고 치료하는 방법은 무엇일까.

ICD-11에서 게임사용장애는 정신, 행동 또는 신경발달 장애 범주 내에서 물질 사용 혹은 중독 행동에 따른 장애로 분류된다. 이는 생물학적 기전이 잘 밝혀진 물질사용장애와 유사하게 같은 카테고리 안에 분류돼 있는 도박 장애(gambling disorder)와 마찬가지로 게임사용장애 역시 물질의 섭취 없이도 보상과 관련된 뇌회로(대뇌기쁨회로)의 변화와 이에 따른 중독증상을 보일 수 있다는 것이 많은 연구에서 밝혀졌기 때문이다.

ICD-11에 따르면, 게임사용장애는 온라인 혹은 오프라인 게임 행동('디지털 게임' 혹은 '비디오 게임')의 지속적이거나 반복되는 행동 패턴인, ① 게임에 대한 조절력 상실, ② 삶의 다른 흥미나 일상적인 활동보다 우선순위를 부여하는 것, ③ 부정적 결과가 발생하는데도 불구하고 그만두지 못하고 게임을 계속하거나 오히려 더 많이 하는 것 등 세 가지 경우를 모두 최소 12개월 이상 지속될 경우를 진단하도록 하고 있다. 즉, 이와 같은 게임의 중독적 사용패턴에 따라 개인적·가족적·사회적·교육적·직업적 문제 또는 다른 주요한 기능에 심각한 문제가 발생하는 경우가 진단범주에 해당한다. 그래서 핵심적인 세 가지 특성이 없는 상태에서 단순히 지속적이고 반복적인 게임사용 패턴만으로 게임사용장애를 진단할 수 없다.

이와는 별도로 위험한 수준의 게임사용(hazardous gaming)은 게임사용장애와는 구분하여 ICD-11에 등재돼 있다. 위험한 수준의 게임 사용은 본인이나 타인에게 신체 또는 정신 건강을 해칠 수 있는 위험을 명백히 증가시키는 정도의 게임 이용 패턴을 말한다. ICD-11에 따르면 위험한 수준의 게임 사용도 건강 상태 또는 보건 서비스 접촉에 영향을 미칠 수 있는 요인이며, 건강 행동과 관련된 문제로 분류돼 있다. 이 분류에는 신체 활동의 부족, 위험한 도박이나 베팅, 부적절한 식이 또는 섭식 습관 등이 포함돼 있다.

한편 ICD-11에 게임사용장애가 등재되기 전인 2013년에 미국정신의학회(American Psychiatric Association, APA)에서 발간하는 〈정신질환의 진단 및 통계 편람 5판(Diagnostic and Statistical Manual of Mental Disorders-5, DSM-5)〉에는 인터넷 게임장애(Internet Gaming Disorder, IGD)를 추가 연구결과가 축적되면 향후 포함돼야 할 진단기준으로 제시했다. 여기에서도 역시 인터넷 게임장애(IGD)의 진단 기준을 다음과 같이 아홉 가지로 정의했다. 구체적으로 ① 인터넷 게임에 대한 몰두, ② 인터넷 게임이 제지될 경우에 나타나는 금단 증상, ③ 내성, 즉 더 오랜 시간 동안 인터넷 게임을 하려는 욕구, ④ 인터넷 게임을 통제하려는 시도에 실패함, ⑤ 인터넷 게임을 제외하고 이전의 취미와 오락 활동에 대한 흥미의 감소, ⑥ 과도한 인터넷 게임에 대한 문제를 알고 있음에도 불구하고 지속함, ⑦ 중요한 타인에게 인터넷 게임을 한 시간을 속임, ⑧ 죄책감, 불안, 우울과 같은 부정적 정서를 줄이거나 회피하기 위한 목적으로 인터넷 게임을 함, ⑨ 인터넷 게임에만 빠져 중요한 대인관계, 직업, 학업 또는 진로 기회를 위태롭게 함이다. 지난 1년 동안 아홉 개의 진단 기준 중 다섯 개 이상이 충족될 경우에 인터넷 게임장애(IGD)로 진단하도록 했다. 추가적으로 이 진단은 업무 및 직업상 요구되는 활동으로 인터넷을 사용하거나 기분 전환 및 사회적 목적으로 인터넷을 사용하는 것은 포함되지 않는다.

그러면 WHO에서 제시하는 게임사용장애의 진단기준은 APA에서

인터넷, 게임, 스마트폰의 중독 조사용 검사 도구

도구 명칭	문항 수/대상자	특징	개발기관
성인 인터넷 중독 관찰자 도구(K-척도)	15문항/성인	일반 사용자, 잠재적 위험 사용자, 고위험 사용자군으로 구별	한국정보화진흥원
인터넷 게임 스마트폰 중독의 포괄적 진단평가도구	인터넷 28문항, 게임 30문항, 스마트폰 28문항/ 초등학생 이상	다양한 장면에서 중독 가능성 및 심각도 평가	성균관의대 삼성서울병원 정신건강의학과
Young Internet 중독척도	20문항/청소년-성인	평균 사용자, 과다사용자, 중독자로 분류 주로 연구용으로 사용	Kimberly S. Young(서울시 소아청소년 광역정신보건센터 번안)
청소년 인터넷중독 관찰자 척도	15문항/초 · 중 · 고등학생	가족, 교사 등 가까운 관찰자가 보고할 수 있음	한국정보화진흥원
청소년 인터넷중독 자가진단 척도	15문항/초 · 중 · 고등학생	초등학생과 중 · 고등학생의 진단 점수가 다름	한국정보화진흥원
한국판 인터넷 게임 장애 척도(K-IGDS)	27문항/성인	DSM-5의 진단기준을 바탕으로 제작됨	고려대학교 심리학과 (조성훈, 권정혜)
유아 · 초등 · 저학년 게임중독 척도 및 해석, 부모용	18문항/유아, 초등 저학년의 부모	부모가 작성하며 게임중독 환경특성과 게임중독 행동특성으로 나뉨	한국정보화진흥원
성인 스마트폰 중독척도	15문항/성인	일반 사용자, 잠재적 위험 사용자, 고위험 사용자로 구별	한국정보화진흥원

제시하는 인터넷 게임장애(IGD)의 진단기준과 어떤 차이점이 있을까? 두 진단기준 모두 게임 이용을 통제하는 것에 실패하고, 일상적 생활 영역에서 흥미를 잃고, 게임을 계속하는 것이 부정적인 결과를 발생시키더라도 중단하지 못한다는 핵심요소는 동일하게 포함하고 있다. 이에 더해 DSM-5의 경우는 좀 더 다양한 증상을 포함하고 있으며, 아홉 가지 기준 중 최소 다섯 개를 충족해야 인터넷 게임장애(IGD)로 진단 내릴 수 있는 반면, ICD-11에서는 세 가지 진단기준을 모두 충족해야 한다. 두 분류 모두 12개월을 진단의 최소 기간으로 지정하고 있다. 이처럼 ICD-11의 게임사용장애나 DSM-5의 인터넷 게임장애(IGD)로 진단을 내리기 위해서는 전문가의 진단적 소견이 반드시 필요하고, 신중한 절차로 진단을 해야 한다.

한편 한국정보화진흥원을 비롯한 다양한 기관에서 개발한 검사 도구들을 이용하면 개인이 손쉽게 본인의 게임사용 심각도를 검사해 볼 수 있다. 다만, 이것은 자신의 게임사용문제 수준을 선별하는 정도의 의미가 있다는 점을 잘 인식해야 한다. 물론 게임뿐만 아니라 인터넷, 스마트폰의 중독 정도를 조사하기 위해 개발된 검사 도구들도 있다. 성인이나 청소년, 어린이 등을 대상으로 하는 이 도구들은 대개 온라인상에서 무료로 내려받을 수 있다.

게임사용장애 치료는 어떻게?

현재 국내 정신건강의학과에서는 게임사용장애를 치료하기 위해 주로 약물치료와 인지행동치료(Cognitive Behavioral Therapy, CBT)를 권고하고 있다. 이 외에 추가적으로 개인 및 집단상담, 가족치료 등이 제안되고 있으며, 최근에는 마음챙김 기반(mindfulness based)의 치료를 적용하려는 시도들이 늘어나고 있다.

우선 약물치료부터 살펴보자. 아직은 도박장애와 마찬가지로 게임사용장애에 임상적으로 허가된 치료약물로 인증된 것은 없다. 다만 게임사용장애 등의 행위중독은 강박장애부터 충동조절장애, ADHD까지 영역이 넓기 때문에 게임사용장애로 진단할 수 있는 수준의 사람이 다른 어떤 문제를 갖고 있느냐에 따라 사용하는 약물이 달라진다. 즉 우울장애나 불안장애 같은 다른 정신장애도 동시에 지니고 있는지, 아니면 니코틴 중독과 같은 다른 중독이 있는지, 또는 주의력결핍 과잉행동장애(ADHD)를 동반하고 있는지에 따라 적절한 약물을 선택하고, 중독적 게임 사용의 변화나 다른 동반 증상의 치료를 함께 진행한다. 이는 게임사용장애가 다른 중독질환과 마찬가지로 공존질환율, 즉 다른 질환을 동시에 가지고 있는 비율이 높기 때문이다.

약물치료 다음으로 많이 사용하는 치료는 인지행동치료(CBT)이다. 인지행동치료에서는 사람들이 지니고 있는 비합리적인 신념을 수정

스마트폰이 보편화되면서 인터넷, 게임에 대한 중독의 위험성이 커지고 있다. 만일 다른 활동보다 게임을 우선순위에 두고 부정적 결과가 발생해도 게임에만 매달리는 게임사용장애를 겪는다면 약물치료, 인지행동치료 등 다양한 치료가 필요하다.

함으로써 결국에는 정서 및 행동에까지 영향을 미친다는 관점에서 접근한다. 게임사용장애를 치료하기 위한 인지행동치료의 경우 게임과 관련된 비합리적인 신념을 수정하고 게임 이용을 적절히 통제할 수 있는 행동요법을 적용해 적응적인 행동을 습득하는 방향으로 진행한다.

비합리적인 신념을 수정하기 위해서 치료자는 환자가 스스로 자신의 신념에 반대되는 증거를 발견하게 하고 이에 대해 함께 논박함으로써 오류를 받아들일 수 있도록 돕는다. 또한 자신의 게임 이용시간을 직접 눈으로 확인할 수 있도록 기록하게 하고, 게임 외의 대안적인 행동을 찾을 수 있도록 돕는다. 이와 더불어 게임사용장애가 어떤 장애이고 어떤 방식으로 치료될 수 있는지 심리교육(psychoeducation)을 통해 환자가 쉽게 이해할 수 있도록 설명한다. 청소년의 경우에는 부모교육도 함께 진행하면 만족스러운 치료결과를 얻을 수 있다.

최근 들어 게임사용장애에 대한 다양한 심리치료 효과 및 예방프로그램에 대한 효과를 검증하는 연구가 진행되고 있다. 명상 등을 통해 자신의 신체 감각과 감정을 면밀히 관찰하게 하면, 이런 과정 자체가 자신의 감정을 통제할 수 있도록 돕고 스트레스를 조절함으로써 과도한 게임행동을 줄이는 데 효과적이라는 연구 결과도 보고되고 있다. 게임

사용장애를 겪고 있는 사람들은 스트레스를 해소하기 위해 게임을 하는 경우도 많기 때문에 스트레스를 조절하면서, 정기적인 운동과 함께 생활 습관을 조절하는 노력도 긍정적인 효과를 얻을 수 있는 치료방법으로 제시되고 있다.

앞으로 예상되는 변화와 전망

2022년 1월부터 세계보건기구에서는 ICD-11에 근거한 보건의료 서비스에 대한 모니터링체계를 개시한다. 각 나라에서는 향후 2년여 기간 동안 새로운 진단분류체계에 포함된 건강문제에 대해 실제 그 문제의 크기를 조사하고 문제를 해결하기 위한 다양한 예방과 치료서비스를 개발하게 된다. 또한 게임 자체가 문제가 아니라 중독에 가까운 게임 사용으로 일상생활 기능이 떨어지는 문제를 어떻게 예방하고 조기에 발견하여 적절한 치료서비스를 제공할 것인가에 대한 논의와 연구가 따라야 할 것이다.

향후 이런 일련의 과정을 통해서 게임을 만들고 판매하는 기업이나 이를 이용하는 소비자 입장에서도 게임을 건강하게 즐기면서 건강폐해가 발생하지 않도록 주의하고 책임을 다하는 문화가 만들어져야 할 것이며, 보건의료 교육 분야의 전문가들은 게임의 중독적 사용으로 고통받는 이용자와 그 가족을 도울 수 있는 효과적 방법을 개발하고 서비스를 제공해야 할 것이다. 이것이 게임의 중독적 사용이라는 개념을 정확히 이해하고 보건의료 측면에서 이를 논리적으로 파악하는 것이 필요한 가장 중요한 이유이다.

아프리카돼지열병

오혜진

생물학의 매력에 빠져 서강대 생명과학과에 입학했지만, 실험보다는 글쓰기가 적성임을 깨닫고 서울대 과학사 및 과학철학 협동과정에 진학해 과학기술학(STS) 석사학위를 받았다. 동아사이언스에 입사해 과학잡지 《어린이과학동 아》와 《과학동아》에서 과학 기자로 일했다. 현재는 잠시 숨 을 고르며 지속할 수 있는 과학 글쓰기를 하고자 새로운 길 을 모색하고 있다.

백신 없는 치사율 100% 아프리카돼지열병, 한국에 상륙하다

2019년 9월 우리나라에서도 아프리카돼지열병이 발병하면서 가축질병 위기단계의 최고 수준인 심각 단계가 발령됐다.

치사율 100%, 백신도 없는 무시무시한 돼지 전염병이라고 알려진 '아프리카돼지열병'이 중국과 베트남, 대만, 북한을 삼키고 국내까지 상륙했다. 2019년 9월 17일 경기도 파주의 한 돼지 농장에서 국내 첫 아프리카돼지열병이 공식 확진됐다. 농림축산식품부에서는 즉시 위기 경보 단계를 최고 수준인 '심각' 단계로 격상하고, 방역팀을 투입해 확진된 돼지 농장의 사육 돼지들을 살처분했다. 또 48시간 동안 전국의 돼지 농장, 도축장, 사료공장, 출입차량 등을 대상으로 이동중지명령을 발령하고 해당 지역을 소독하며 긴급 방역 조치에 나섰다. 하지만 발병 농장이 계속 늘어나면서, 경기도 파주시와 연천군, 김포시, 인천 강화군 등 총 14곳에서 아프리카돼지열병이 발생한 것으로 확인됐다. 처음 발병한 지 한 달이 지나자 돼지 농장에서 발생한 아프리카돼지열병은 2019년 10월 9일 14번째 발병이 확인된 이후로 잠시 소강상태에 들어갔다. 꾸준히 의심 신고가 접수되고 있기는 하지만, 다행히 음성 판정이 내려졌다. 그런데 북한과의 접경 지역에서 발견된 야생 멧돼지들의 폐사체에서 아프리카돼지열병 바이러스가 계속 검출되면서 새로운 전환을 맞고 있다.

돼지고기 가격도 폭락했다. 살처분으로 돼지고기 수급이 줄어 가격이 급등하는 '금겹살' 사태가 오는 것이 아니냐는 우려가 있었지만, 오히려 가격이 떨어졌다. 돼지고기의 안전성에 대한 소비자들의 의심이 커지면서 돼지고기 소비가 급격하게 위축됐기 때문이다. 한동안 아프리카돼지열병과 돼지고기를 둘러싼 불안감은 계속될 전망이다.

돼지에게만 감염되는 바이러스성 전염병

그렇다면 대체 아프리카돼지열병이 어떤 전염병이기에 이렇게 비상사태를 몰고 온 걸까. 아프리카돼지열병(African Swine Fever, ASF)은 아프리카돼지열병 바이러스(ASF virus)가 일으키는 돼지 전염병이다. 흔히 돼지콜레라로 알려진 '돼지열병'과 증상이 비슷해 아프리카돼지열병이라는 이름이 붙었지만, 아프리카돼지열병 바이러스는 DNA 바이러스라서, RNA 바이러스인 돼지열병 바이러스와는 종류가 전혀 다르다. 아프리카돼지열병 바이러스는 유전체를 둘러싸고 있는 캡시드 단백질(30쪽 참조)의 염기서열에 따라 총 23개의 유전형으로 구분되고, 다시 병원성에 따라 고병원성, 중병원성, 저병원성 등으로 분류된다. 전 세계적으로 전파되며 심각한 피해를 입히고 있는 아프리카돼지열병 바이러스는 대부분 고병원성이다.

멧돼짓과(Suidae)에 속하는 동물만 이 바이러스에 감염된다. 주로 사육 돼지, 유럽과 아메리카대륙의 야생멧돼지가 바이러스에 감염돼 죽

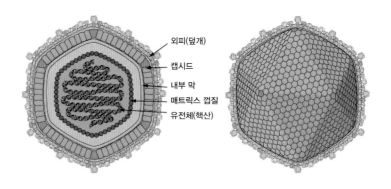

외피(덮개)
캡시드
내부 막
매트릭스 껍질
유전체(핵산)

**아프리카돼지열병
바이러스의 구조**

아프리카돼지열병 바이러스는
유전체를 둘러싸고 있는 캡시드
단백질의 염기서열에 따라 모두
23개의 유전형으로 구분된다.
ⓒ Swiss Institute of Bioinformatics

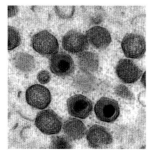

아프리카돼지열병 바이러스의
현미경 사진.
ⓒ Pirbright Institute

는다. 반면 아프리카의 혹멧돼지, 숲돼지, 강멧돼지는 바이러스에 감염
돼도 증상이 없어 다른 돼지에게 감염시킬 수 있는 보균숙주가 된다. 아
직까지 왜 이런 차이가 나타나는지 정확히 밝혀지지는 않았지만, 2011
년 영국 로슬린연구소 연구팀에서는 돼지와 혹멧돼지의 면역 반응 차이
가 그 이유일 수 있다는 연구 결과를 발표했다. 연구팀에서는 돼지와 혹
멧돼지의 면역반응 유전자를 비교해 분석했는데, 이 중 RELA 유전자의
서열이 달랐다. 이에 따라 돼지와 혹멧돼지의 RELA 단백질의 아미노산
세 개가 달랐고 활성도도 달랐다. 돼지의 RELA 단백질은 활성이 높은
반면, 혹멧돼지의 RELA 단백질은 활성이 낮았다. 연구팀에서는 RELA
단백질의 활성 차이가 아프리카돼지열병 바이러스에 감염됐을 때 증상
이 다르게 나타나는 이유 중 하나일 가능성이 있다고 설명했다.

바이러스에 감염된 돼지는 40~42℃의 고열과 식욕부진, 무기력,
기립 불능, 구토, 피부 출혈 등의 증상을 보인다. 또 입과 코 주변에 기
포가 관찰되고, 비장의 크기가 정상보다 여섯 배까지 커지는 특징이 있
다. 감염 후 보통 10일 안에 폐사한다. 잠복기는 4일에서 19일까지 다
양하다.

생존력 강한 바이러스, 사람에게는 문제없어

문제는 바이러스의 생존력이 매우 강하다는 것이다. DNA 바이러

아프리카의 혹멧돼지, 강멧돼지, 숲돼지(왼쪽부터)는 아프리카돼지열병 바이러스에 감염돼도 증상이 없다. 이들은 다른 돼지에게 아프리카돼지열병을 감염시킬 수 있는 보균숙주가 된다.

스는 RNA 바이러스보다 안정하다. 주변 환경과 소독제에도 저항성이 커 쉽게 사라지지 않는다. 아프리카돼지열병 바이러스는 돼지가 죽은 뒤에도 혈액, 대변 등에서 계속 생존이 가능하다. 혈액의 경우 냉장에서 18개월, 다진 고기나 말린 고기 등에서도 최대 6~10개월 동안 생존할 수 있다. 농림축산식품부에서는 아프리카돼지열병 바이러스를 불활성화시키기 위해서는 70℃에서 30분 이상 가열해야 한다고 권고하고 있다.

  비록 돼지에게는 강력하고 무시무시한 질병이지만, 사람은 아프리카돼지열병 바이러스에 감염되지 않는다. 메르스나 조류독감처럼 동물과 사람 사이의 전파가 가능한 인수공통감염병이 아닌 것이다. 아직까지 아프리카돼지열병의 사람 감염은 확인된 적이 없다. 가축의 질병과 예방에 대해 연구하고 국제적 위생규칙에 관한 정보를 제공하는 국제기관인 세계동물보건기구(OIE)나 유럽식품안전국(EFSA) 등에서도 인간은 아프리카돼지열병에 감수성이 없고 건강의 위험 요소도 없다고 발표했다. 따라서 혹시라도 아프리카돼지열병에 걸린 돼지의 고기를 먹게 되더라도 안심해도 된다. 게다가 국내에 유통되는 돼지고기는 도축장에서 검사 과정을 거쳐 질병에 감염되지 않은 것으로만 공급되기 때문에 현실적으로 아프리카돼지열병에 걸린 돼지의 고기를 먹을 확률은 매우 낮다. 오히려 전문가들은 인간이 질병 전파의 매개체가 될 수 있기 때문에 주의할 필요가 있다고 말한다. 아프리카돼지열병이 유행 중인

사람은 아프리카돼지열병에 걸리지 않으므로, 설령 아프리카돼지열병에 걸린 돼지의 고기를 먹더라도 안전하다. 물론 국내에서는 검사를 통해 질병에 걸리지 않은 돼지의 고기만 유통된다.

국가에서 제조된 육포나 소시지 등을 갖고 입국하게 되면 그곳에 생존하고 있던 바이러스가 국내에 유입될 위험이 있기 때문이다.

아프리카돼지열병, 전 세계에 어떻게 전파됐을까

아프리카돼지열병은 어떻게 한국까지 오게 됐을까. 그 역사는 한 세기 이전으로 거슬러 올라간다. 아프리카돼지열병은 1921년 아프리카 케냐에서 처음 보고됐고, 1957년에는 유럽으로 건너갔다. 우연히 아프리카돼지열병에 감염된 돼지고기로 만든 음식이 포르투갈로 유입됐기 때문이다. 남은 음식물은 사료로 쓰였고, 이를 먹은 돼지들이 바이러스에 감염됐다. 이후 아프리카돼지열병은 스페인, 프랑스, 이탈리아 등 유럽 각국과 중남미 국가까지 전파됐다. 다행히 강력한 대책을 통해 대부분 근절하거나 잘 관리하고 있지만, 근절하기까지 30년 이상이 걸렸으며, 일부에서는 아직까지도 산발적으로 발생하고 있다.

2007년 아프리카돼지열병은 비슷한 경로로 또다시 유럽 대륙으로 전파됐다. 이번에는 동유럽이었다. 아프리카를 거쳐 조지아에 정박한 선박에 바이러스에 감염된 돼지고기가 있었던 것이다. 이전과 마찬가지로 이 음식물들이 돼지의 사료로 쓰였다. 특히 이 지역에는 많은 수의 멧돼지들이 살고 있었는데, 이들이 바이러스의 매개체가 돼 아프리카돼지열병이 다른 동유럽 국가와 러시아 전역으로 퍼지는 결과를 낳았다.

아시아에서는 2018년 8월 중국 랴오닝성 선양에서 처음 발생했다. 중국에서는 러시아산 돼지고기를 수입하고, 아프리카와도 교역량이 많았다. 중국 당국에서는 폐사한 돼지의 DNA를 분석한 결과, 러시아와 폴란드에서 발견된 아프리카돼지열병 바이러스와 유전체가 99.5% 동일한 2형 유전자형이라는 것이 확인됐다. 이 바이러스는 순식간에 중국 전역으로 퍼졌다. 9개월도 채 안 돼 중국의 32개 행정구역(모든 성, 직할시 및 자치구역)으로 아프리카돼지열병이 확산됐다.

전 세계에서 돼지고기 소비량이 가장 많고 사육 돼지의 숫자도 가장 많은 나라인 중국을 덮친 아프리카돼지열병은 현재 가장 심각하고 재앙적인 이슈이다. 중국 농업농촌부에서는 아프리카돼지열병으로 2019년 7월까지 돼지 116만 마리를 살처분했다고 밝혔다. 하지만 전문가들은 실제로는 이보다 훨씬 많은 1억 마리가 넘는 돼지들이 아프리카돼지열병으로 죽거나 도살됐을 것으로 추정하고 있다. 아프리카돼지열병이 발병하기 전 중국의 사육 돼지 수는 약 4억 3천 마리였는데, 이 중 1/3가량의 돼지가 사라진 것이다. 이에 따라 중국에서는 1년 사이에 돼지고기 가격이 50% 가까이 올랐다. 전체 식비 지출이 증가하면서 소비자물가지수와 국민생활수준에도 큰 영향을 미치고 있다. 아프리카돼지열병으로 국가적 손실이 약 170조 원에 이른다는 추산도 나왔다.

이뿐만 아니라 중국의 아프리카돼지열병 발병이 전 세계 헤파린 공급에도 영향을 끼칠 수 있다는 우려도 제기된다. 헤파린은 혈액의 응고와 혈전을 막는 데 사용되는데, 돼지의 내장으로 만든다. 세계 돼지 공급의 절반 이상을 차지하는 중국은 전 세계 헤파린 생산의 80%를 담당하고 있다. 전문가들은 이번 발병으로 전례 없는 헤파린 부족이 일어날 가능성이 있다고 염려하고 있다.

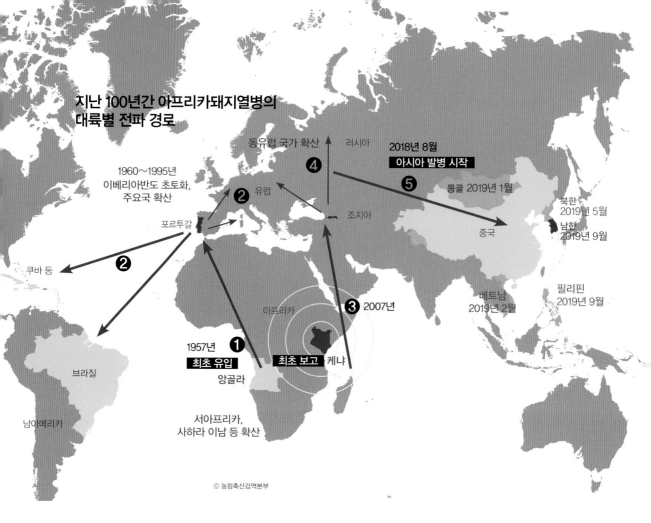

지난 100년간 아프리카돼지열병의
대륙별 전파 경로

1960~1995년
이베리아반도 초토화,
주요국 확산

포르투갈

쿠바 등

❷

브라질

남아메리카

1957년 ❶
최초 유입
앙골라

서아프리카,
사하라 이남 등 확산

동유럽 국가 확산   러시아

❹

유럽

조지아

❸ 2007년

아프리카

최초 보고 케냐

2018년 8월
아시아 발병 시작

❺

몽골 2019년 1월

북한
2019년 5월
남한
2019년 9월

중국

베트남
2019년 2월

필리핀
2019년 9월

ⓒ 농림축산검역본부

한국의 감염 원인, 초기에는 의견 분분

중국을 삼킨 아프리카돼지열병은 겨우 1년 만에 이웃 국가인 몽골, 베트남, 라오스, 북한 등으로 전파됐다. 주변 국가들에서 모두 아프리카돼지열병에 감염되자 한국 정부에서도 아프리카돼지열병을 예방하기 위한 여러 가지 조치를 취해 왔다. 하지만 아프리카돼지열병을 결국 막지 못했고, 한국도 아프리카돼지열병 감염 국가가 됐다. 확진 판정을 받은 농가들이 순식간에 불어나자 정부는 확산을 방지하기 위해 감염 경로 파악에 나섰다. 유입 경로와 발생 원인을 밝혀야 전염병의 확산을 효과적으로 차단할 수 있기 때문이다. 하지만 여러 가지 가설이 제시됐음에도 불구하고, 아직까지도 발생 원인은 오리무중이다.

아프리카돼지열병 바이러스의 주된 감염 · 전파 경로는 공항이나 항구에서 감염된 돼지고기를 들여오고, 남은 음식물을 돼지의 사료로 쓰는 경우이다. 중국 농업농촌부에서는 역학조사 결과, 아프리카돼지열병 발생 농장 111곳 중 49곳(44%)이 남은 음식물을 돼지의 사료로 쓰는 농장이었다고 발표했다. 유럽식품안전청에서도 러시아의 아프리카돼지열병 감염 요인을 분석한 결과 총 284건 중에서 잔반 급여로 감염된 비율이 35%나 됐다고 밝혔다.

실제로 2019년 10월 4일 식품의약품안전처에서는 신고하지 않은 수입축산물을 불법으로 유통하고 판매한 업체로부터 돈육포와 소시지 제품을 압류하여 이들을 검사한 결과, 돈육포에서 아프리카돼지열병 바이러스 유전자가 확인됐다. 식품의약품안전처에서는 현재 바이러스의 생존 여부를 확인하는 검사를 진행하고 있다고 밝혔다. 이렇게 아프리카돼지열병에 감염된 수입 고기가 불법으로 유통돼 사육 돼지에게까지 닿았을 가능성이 있다. 하지만 초기에 확진 판정을 받은 다섯 곳의 돼지농장에서는 남은 음식물을 사료로 쓴 적이 없었으며, 농장에서 일하는 관계자들 또한 최근 3개월간 외국을 방문한 적이 없는 것으로 확인됐다.

한때 바이러스로 오염된 가축 수송 차량이나 도구 등도 아프리카돼지열병을 옮기는 위험 요소 중 하나로 지목되기도 했다. 농림축산식품부에서는 역학 조사를 통해 2019년 9월 16일과 17일 아프리카돼지열병이 발생한 경기 파주와 연천의 농장 두 곳과 9월 23일 확진 판정을 받은 김포시와 파주시 농장 사이에 직 · 간접적인 차량 교류가 있었다는 점을 확인했다고 밝혔다. 하지만 차량을 통한 전파는 추정 단계에 그쳤다.

해외에서는 물렁진드기가 아프리카돼지열병 바이러스를 갖고 있다가 돼지나 야생멧돼지를 물어 바이러스를 전파한 사례도 있었다. 하지만 물렁진드기는 우리나라에서 발견된 적이 없다. 낮은 확률이지만 바이러스에 오염된 물이나 식물 사료로도 아프리카돼지열병에 걸릴 수 있다는 연구 결과가 2019년 5월 미국 캔자스주립대학교 연구팀에 의해 발표된 적도 있다. 실제로 2014년 라트비아의 주요 확산 경로는 돼지들이 바이러스에 오염된 풀과 작물을 먹었기 때문이라고 한다.

국내 아프리카돼지열병 발생 현황

○ 아프리카돼지열병(ASF) 확진 농장
■ ASF 발생 지역
□ 완충 지역
　축산 차량 외부로 이동 통제
　승용차를 제외한 자재차량 등 모든 차량의 농가
　출입 통제.

© 농림축산검역본부

비무장지대 부근 야생멧돼지 사체에서 바이러스 잇달아 발견, 북한 유입설 유력

　　전문가들은 아프리카돼지열병이 발병한 농장들이 모두 북한과의 접경지역에 위치해 있다는 점을 고려해 북한에서 야생멧돼지가 내려왔거나 강이나 태풍을 통해 북한에서 돼지 사체와 분변 등이 넘어와 질병이 전파됐을 가능성을 꾸준히 제기했다. 북한에서는 2019년 5월 30일 세계동물보건기구(OIE)에 아프리카돼지열병 발생 사실을 최초로 보고했다. 폐쇄적인 북한에서 자국의 전염병 발병 사실을 외부에 자발적으로 알린 것은 이례적이다. 이에 전문가들은 북한에서 아프리카돼지열병이 이미 걷잡을 수 없이 확산됐을 것이라고 보고 있다. 국정원에 따르면, 평안북도의 돼지는 전멸했고, 북한 전역에 아프리카돼지열병이 상당히 확산됐다는 징후가 있다고 한다.

실제로 10월 3일, 경기도 연천군 비무장지대(DMZ)에서 발견된 야생멧돼지 폐사체에서 아프리카돼지열병 바이러스가 검출됐다. 국내 멧돼지에서 처음으로 아프리카돼지열병 양성 반응이 나온 것이다. 이에 환경부에서는 북한의 멧돼지가 남한 쪽의 철조망과 콘크리트로 구성된 3중 철책을 뚫고 넘어왔을 가능성은 크지 않다며 선을 그었다. 환경부에서는 또한 야생 멧돼지가 사육 돼지와 접촉해 병을 옮기려면 멧돼지 폐사체가 야생에서 많이 보여야 하는데, 발병 이전과 확진된 이후에도 주변 지역을 살펴봤지만 발견된 것은 이것이 처음이었다고 밝혔다. 우리나라에서는 사육 돼지들을 중심으로 발병 사례가 나왔기 때문에 야생 멧돼지가 1차 감염원이었을 가능성은 크지 않다는 뜻이다. 돼지 농장에는 야생멧돼지의 침입을 방지하기 위한 울타리들이 쳐져 있었다. 환경부에서는 야생멧돼지에 의해 사육 돼지가 감염되는 경우도 러시아의 방목 농가에서 보고된 두 건의 사례 외에는 아직까지 없었다고 해명했다. 그럼에도 불구하고 정부에서는 예방 차원에서 DMZ를 포함한 민간인통제선 이북의 모든 접경지역에 헬기를 동원해 항공 방역을 진행했다.

하지만 전문가들은 살아 있는 멧돼지가 DMZ를 넘어올 수 없다고 해도 새나 쥐, 파리, 고양이 등이 DMZ 내에 방치된 멧돼지나 멧돼지 사체, 배설물 등에 접촉했다면 바이러스를 옮길 가능성이 있다고 지적했다. 2019년 9월 덴마크 코펜하겐대 연구팀에서는 파리가 아프리카돼지열병 바이러스를 옮기는 매개체 역할을 할 수 있다는 연구 결과를 발표했다. 연구팀에서는 바이러스에 감염된 돼지 피를 빨아먹은 침파리의 입과 몸에서 최소 12시간에서 최대 3일까지 바이러스가 생존해 있다는 것을 발견했다. 이 침파리가 돼지 농장으로 들어가 먹이 등에 섞여 사육 돼지에게 들어간다면 아프리카돼지열병에 감염될 가능성이 있는 것이다. 침파리와 같은 흡혈 파리는 한국에서도 서식하는 것으로 알려져 있다.

2019년 10월 3일 이후부터 DMZ 이남 지역인 경기도 연천군과 파주, 강원도 철원군 등에서 발견된 야생멧돼지 폐사체에서 아프리카돼지열병 바이러스가 잇따라 검출되면서 바이러스가 북한에서 유입됐을 가능성이 점점 유력해지고 있다. 이에 따라 언론과 전문가들은 정부에서 발병 초기에 야생멧돼지에 대한 조치를 소극적으로 했던 것이 문제를 키웠다며 비판하고 있다. 바이러스에 감염된 야생멧돼지를 제대로 찾지 못한 상태에서 미리 섣부른 판단을 한 것 아니냐는 지적이다.

그러나 환경부에서는 모든 가능성을 열어놓고 조사하고 있다며 감염 경로에 대해 아직까지 신중한 입장을 취하고 있다. 멧돼지 서식 현황, 분변, 토양, 하천, 소형동물, 곤충류 등에 대해 다양한 조사를 진행하고 있다는 설명이다. 최종 조사결과가 나오기까지는 상당한 시간이 걸릴 것으로 보인다.

앞으로의 대책은? 감염된 야생멧돼지 통제가 관건

야생멧돼지로부터 바이러스가 전파된 것이 확인되면서 중점 방역의 대상과 범위가 더 넓어지고 있다. 이에 따라 전문가들은 아프리카돼지열병이 토착화될 가능성에 대해 우려하고 있다. 세계동물보건기구(OIE)에 따르면 멧돼지가 감염될 경우 아프리카돼지열병은 '유행병'에서 '풍토병'이 될 가능성이 높아진다. 풍토병이 되면 발병 지역에서 지속적으로 아프리카돼지열병이 재발할 수 있다. 국내 야생멧돼지는 30만 마리에 달한다. 이들을 통제하기란 사실상 불가능에 가깝다.

특히 충청도는 전국에서 돼지를 가장 많이 키우는 곳이다. 전국의 돼지 중 21.4%인 240만 마리가 충청도 1227곳의 농장에서 사육되고 있다. 다행히 2019년 10월 9일 이후 사육 돼지에서는 아프리카돼지열병이 발생하지 않았다. 하지만 만약 야생멧돼지들에 의해 충청도까지 방역이 뚫린다면, 한국의 양돈 산업은 최악의 상황을 맞을 수도 있다. 이에 환경부에서는 농림축산식품부, 국방부와 함께 야생멧돼지 간의 추가적인 전파, 바이러스의 남하 가능성을 차단하기 위해 경기 파주시와 연천군, 강원 철원군 등 민간인통제선 인근 지역의 야생멧돼지를 대대적으로 포

야생멧돼지 아프리카돼지열병(ASF) 검출 현황('19.11.13) – 확진일 기준

범례
— 남방한계선
∷ 민통선
● 폐사체 발견지점

연천군 신서면(DMZ) 도밀리 1건(10.03)

철원군 원남면 진현리 3건(10.12)
철원군 원남면 죽대리 1건(10.16)
철원군 원남면 죽대리 1건(10.21)
철원군 원남면 진현리 1건(10.25)
철원군 원남면 죽대리 1건(11.02)
철원군 원남면 진현리 1건(11.07)
철원군 원남면 죽대리 1건(11.08)
철원군 원남면 진현리 2건(11.13)

연천군 왕징면 강서리 1건(10.12)
연천군 왕징면 강서리 1건(10.17)

연천군 신서면 답곡리 1건(11.01)

연천군 장남면 판부리 1건(10.15)

연천군 연천읍 와초리 1건(10.20)
연천군 연천읍 와초리 1건(10.28)

파주시 군내면 정자리 1건(10.30)

파주시 군내면 백연리 1건(10.30)

연천군 장남면 반정리 1건(10.21)

파주시 장단면 거곡리 1건(10.17)
파주시 장단면 석곶리 2건(10.23)

파주시 진동면 하포리 1건(11.07)

2019년 11월 13일까지 총 25마리의 야생멧돼지에서 아프리카돼지열병(ASF) 바이러스가 확인됐다. 이후 야생멧돼지의 ASF 바이러스 확진 건수는 꾸준히 늘어 2020년 1월 11일 기준 69건으로 집계됐다.
ⓒ 환경부

획하는 긴급대책을 추진하고 있다. 하지만 전문가들은 실제 감염된 야생멧돼지 수는 훨씬 많을 것이고, 10월~11월은 야생멧돼지들이 활발히 이동하는 짝짓기 철이라 질병이 더 확산될 위험이 크다며 뒤늦은 대책이라는 비판을 내놓았다. 발병 전과 초기에 야생멧돼지에 대한 전파 가능성에 무게를 두고 방역 계획을 수립했어야 한다는 주장이다.

정부에서는 체코의 방역 사례에 주목하고 있다. 최근 3년간 아프리카돼지열병이 발병한 52개국 중 체코는 가장 짧은 시간에 바이러스 박멸에 성공한 국가로 평가된다. 2017년 발병 이후 2년간 230여 건이 발생했는데, 2019년에는 한 건의 확진도 나오지 않으면서 세계동물보건기구(OIE)에 아프리카돼지열병 청정국임을 공식 선언했다. 발병 초기에 집중적으로 야생멧돼지를 포획하고 사살한 대책이 효과적이었기 때문이다. 결국 야생멧돼지의 감염과 전파를 얼마나 효과적으로 저지하느냐가 앞으로 아프리카돼지열병 박멸 여부를 판가름할 것으로 보인다.

또 아프리카돼지열병 바이러스는 구제역이나 조류독감 바이러스와 달리 생존 기간이 긴 만큼 사후 관리를 철저히 하는 것도 중요하다. 섣부르게 다시 돼지를 사육했을 때 바이러스가 다시 나타나는 최악의 상황이 올 수도 있기 때문이다. 이에 정부에서는 최대한 시간을 두고 발병 지역을 비워두며 바이러스의 재발을 막을 것이라고 밝혔다.

경기도 연천군에서 발견된
야생멧돼지 폐사체. 각각
10월 3일(왼쪽)과 12일
아프리카돼지열병에 걸린
것으로 확인됐다.
ⓒ 환경부

아프리카돼지열병 백신을 개발하기 어려운 이유

아프리카돼지열병의 확산을 막기가 이토록 어려운 이유는 백신이 없기 때문이다. 아프리카돼지열병은 보고된 지 거의 100년이 지난 만큼 연구도 많이 진행됐지만, 아직까지 백신이 개발되지 않았다. 과학자들은 아프리카돼지열병 바이러스가 매우 복잡해 다루기가 어렵기 때문이라고 입을 모은다. 아프리카돼지열병 바이러스는 크기가 약 200nm(나노미터, 1nm=10억분의 1m)이며 유전체의 크기도 약 180kb(염기쌍 18만 개)라서 매우 크다. 다른 돼지 전염병들과 비교해도 차이가 난다. 구제역 바이러스의 유전체 크기는 약 8kb, 돼지열병(콜레라) 바이러스는 약 12kb에 불과하다.

유전체 크기가 크다는 것은 바이러스가 만드는 단백질이 많다는 뜻이다. 실제로 아프리카돼지열병 바이러스가 만드는 단백질은 150~165개나 된다. 보통 백신(불활성화 백신)은 해당 바이러스의 특징적인 단백질을 찾아 이를 타깃으로 만든다. 숙주 세포 수용체와 결합하는 단백질이나 효소 등이 대표적이다. 크기가 작은 바이러스라면 타깃 단백질을 쉽게 찾을 수 있지만, 크기가 커서 많은 단백질을 생산하는 바이러스라면 타깃 물질을 찾기가 어렵다. 그동안 타깃 단백질을 찾기 위해 많은 노력을 기울였지만, 아직까지 감염 메커니즘과 감염에 직접 관여하는 단백질을 발견하지 못했다.

게다가 아프리카돼지열병 바이러스는 면역시스템을 담당하는 세포를 감염시켜 파괴하는 특징을 지닌다. 대식세포를 감염시키고, B세포와 T세포의 세포 사멸을 유도해 돼지의 면역반응을 억제하는 식이다. 백신은 인위적으로 병원성을 없애거나 약화시킨 병원체(항원)를 주입해서 그에 대한 면역(항체)을 미리 얻게 하는 원리다. 기억세포가 형성되도록 해 실제 병원체가 들어왔을 때 빠르게 항체를 생산해 병원체를 제거하고 병에 걸리지 않게 하는 셈이다. 그런데 아프리카돼지열병 바이러스는 바로 그 면역시스템을 공격한다. 오래전부터 건강한 돼지에게 불활성화된 아프리카돼지열병 바이러스를 주입해 봤지만, 모두 실패했다. 돼지의 체내에서 바이러스를 공격해 없앨 만큼의 충분한 항체가 만들어지지 않았기 때문이다. 그래서 과학자들은 아프리카돼지열병의 경우 불활성화 백신이 개발된다고 하더라도 다른 바이러스 백신만큼 효과를 내지 못할 수도 있다고 지적하고 있다.

대신 과학자들은 불활성화 백신보다는 약독화 백신이 더 효과적일 것이라고 전망하고 있다. 약독화 백신은 살아 있는 바이러스를 배양해서 독성을 제거한 뒤 만든 것으로 체내에서 증식해 면역력을 생성할 수 있지만 질병을 일으키지는 않는다. 유럽에서 많은 수의 아프리카돼지열병 바이러스가 시간이 지나면서 독성이 약화됐는데, 바이러스가 감염된 멧돼지들로부터 약화된 바이러스를 분리해 백신으로 사용할 수 있다.

실제로 2017년 스페인 마드리드국립대 연구팀에서는 시험용 약독화 백신을 개발했다는 연구 결과를 발표했다. 연구팀에서는 라트비아의 멧돼지에서 얻은 약화된 아프리카돼지열병 바이러스를 배양해 시험용 백신을 만들었다. 이를 경구 형태로 멧돼지에 투여한 결과, 92%의 예방 성공률을 보였다. 이뿐만 아니라 연구팀에서는 백신 접종을 한 멧돼지가 다른 멧돼지와 접촉하면 면역 능력을 옮겨주는 효과가 있다는 사실도 발견했다. 문제는 백신의 안전성이다. 1960년대에도 포르투갈과 스페인에서 자연적으로 약독화된 아프리카돼지열병 바이러스를 이용해서 예방 접종을 시도한 사례가 있었다. 백신을 접종한 돼지들은 죽지는 않았지만, 상당수의 돼지가 쇠약해지고 만성적인 질병을 앓았다. 연구팀에서는 상용화를 위해서 안전성을 평가하는 추가 실험을 진행할 계획이다.

유전자 변형 바이러스를 활용한 백신도 연구

최근에는 독성이 있는 유전자를 제거해 유전자 변형 바이러스를 만든 뒤 체내에 주입하는 백신도 연구하고 있다. 2016년 영국 펄브라이트연구소 연구팀에서는 돼지의 면역 반응을 억제해 세포 내에서 바이러스의 복제를 유도하는 아프리카돼지열병 바이러스의 몇몇 유전자를 제거했다. 연구팀에서 이 유전자 변형 바이러스를 돼지에 주입한 결과, 돼지는 아무런 증상을 보이지 않았으며, 독성이 있는 원래 바이러스

민통선 내에서 발견된 야생멧돼지
폐사체에서 혈액을 채취해
아프리카돼지열병의 감염 여부를 조사한다.
ⓒ 환경부

정부에서는 국내에 아프리카돼지열병이 발생하기 전부터 소독시설을 운영해 왔다.
사진은 2019년 추석 연휴 전에 농림축산식품부 관계자들이 강원도 철원군 거점소독시설을 점검하는 장면.
ⓒ 농림축산식품부

를 주입했을 때에도 살아남았다. 현재 연구팀에서는 이 연구 결과를 바탕으로 약독화 백신을 개발하기 위해 노력하고 있다. 같은 해 미국 농무부 농업연구청 연구팀에서도 비슷한 방법으로 아프리카돼지열병 바이러스가 돼지의 면역 유전자를 조절하는 데 관여하는 유전자들을 제거해 백신 효과를 얻었다는 연구 결과를 발표했다. 연구자들은 유전자 변형 바이러스의 경우 유전체의 일부를 제거한 것이기 때문에 일반 약독화 백신과 달리 바이러스가 다시 독성을 얻기 어려워 안전할 수 있다고 밝혔다.

2019년 8월에는 미국 캔자스주립대 연구팀에서 구성단위 백신(subunit vaccine)을 개발해 발표하기도 했다. 구성단위 백신은 바이러스의 단백질 중에서 면역체계를 활성화하는 단백질 조각을 합성해 만든 것이다. 순도가 높고 안정적이며, 약독화 백신이나 유전자 변형 바이러스보다는 대량으로 생산할 수 있지만, 효율이 떨어진다는 단점이 있다. 실제로 연구팀에서는 두 개의 다른 아프리카돼지열병 바이러스의 항원을 만들어 돼지에게 주입했지만, 성공하지는 못했다.

이처럼 과학자들은 아프리카돼지열병 바이러스 백신을 개발하기 위해 다양한 시도를 하며 많은 노력을 기울이고 있다. 현재 백신 개발에 가장 열을 올리고 있는 국가는 아프리카돼지열병으로 가장 심각한 피해를 입고 있는 중국이다. 2019년 9월 중국농업과학원 하얼빈수의학연구소에서는 아프리카돼지열병 백신의 실험실 연구를 마무리했고, 현재 생물 안전 평가를 신청한 단계라고 발표했다. 어떤 방식으로 백신을 만들었는지 구체적인 연구 결과는 알려지지 않았지만, 과학자들은 약독화 백신을 연구했을 것으로 추정하고 있다.

한국에서도 국공립연구소와 대학을 중심으로 아프리카돼지열병 백신 연구를 시작했다. 머지않아 아프리카열병 바이러스 백신이 상용화될 것으로 예상된다. 하지만 과학자들은 백신을 빨리 만들어야 한다는 압력이 오히려 바이러스 변종을 유발할 위험성이 있다고 우려하기도 한다. 확실한 검증을 통해 안전성이 입증된 백신이 개발돼야 한다.

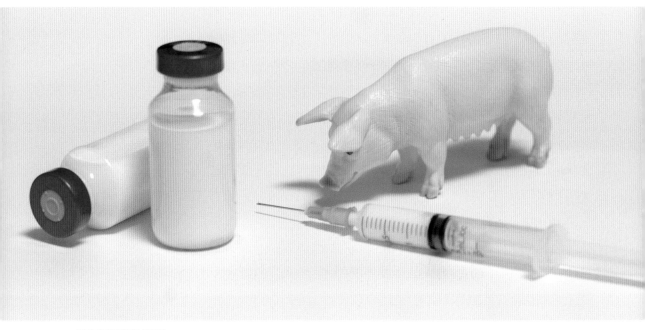

아프리카돼지열병 백신은
바이러스가 다른 돼지 전염병
바이러스에 비해 크기 때문에
개발하기 힘들다. 현재 약독화
방식, 유전자 변형 바이러스를
이용한 방식 등으로 백신을
개발하고 있다.

살처분과 과도한 육류 소비를 생각해 보는 계기 돼야

지금까지 살펴본 것처럼, 아프리카돼지열병 바이러스는 아직까지 백신이 없고 생존 능력도 강해 발병했을 때 우리가 할 수 있는 유일한 대책은 살처분뿐이다. 살처분은 말 그대로 동물을 죽여서 처분하는 것으로, 전염병에 대한 대책 중 가장 강력한 조치다. 가축전염병예방법 제20조에 따르면, 제1종 가축전염병이 퍼지는 것을 막기 위해 필요하다고 인정될 경우 살처분을 시행할 수 있다고 돼 있다. 조류독감과 구제역이 대표적인 사례다.

아프리카돼지열병은 구제역, 고병원성 조류독감과 함께 제1종 가축전염병에 해당한다. 아프리카돼지열병으로 살처분된 사육 돼지의 수는 모두 44만 마리를 넘어섰다. 특히 아프리카돼지열병이 집중적으로 발병한 경기 파주시와 김포시, 인천 강화군에는 살아 있는 돼지를 한 마리도 남기지 않고 전량 살처분하였다.

살처분은 2014년 시행된 동물보호법 10조에 따라 가스를 주입하거나 전기 충격을 가하는 것처럼 고통을 최소화하는 방식으로 시행해야 한다. 이때 반드시 의식이 없는 상태에서 도살 단계로 넘어가야 한다. 이 법령이 시행되기 이전에는 가축을 마구잡이로 생매장했다. 당연히 비윤리적이고 잔인하다는 비판이 뒤따랐다. 살처분 이후 매몰지를 제대로 관리하지 않아 각종 환경오염 문제도 발생했다. 살처분 작업자들의 정신적인 피해도 심각했다. 이번 아프리카돼지열병 대응에서는 이산화탄소를 이용해 돼지를 안락사시킨 뒤 가축 방역관이 돼지의 의식이 없음을 확인한 뒤 매몰하는 방식을 쓰고 있다.

하지만 병이 확산되고 살처분되는 돼지의 수가 늘어나면서 이를 지키지 않은 사례가 있어 동물보호단체들로부터 비판의 목소리가 높아지고 있다. 실제로 농림축산식품부 조사 결과에서, 살처분한 돼지 가운데 일부 개체는 의식이 돌아온 상태에서 매몰지로 옮겨진 것으로 나타났다. 한 번에 많은 수의 돼지를 임시로 만든 구덩이에 몰아넣고 이산화탄소를 주입한 뒤 매몰지로 이동시키기 때문에 일일이 확인하기 어렵다는 것이다. 이에 동물보호단체들에서는 성명서를 통해 불가피하게 살처분을 시행하더라도 그 방법은 인도적이어야 한다고 강조하며, 살처분 현장에 동물보호단체 모니터링단에서 참관해야 한다고 요구했다.

또한 동물보호단체들은 살처분 방식뿐만 아니라 현재 축산업과 과도한 육류 소비에 대해 다시 생각해 봐야 한다고 지적했다. 인간이 고기를 먹기 위해 동물을 대량으로 사육하고, 병이 생기면 일방적으로 희생시키는 일을 반복하고 있다는 뜻이다. 이들은 구제역과 조류독감, 아프리카돼지열병 등 가축 전염병이 발생할 때마다 대규모 공장식 축산 방식과 밀집된 사육 환경 때문에 큰 피해가 일어나는 것이라고 설명하면서, 기본적인 가축사육 구조를 지속 할 수 없는 동물 복지 축산으로 바꿔야 한다고 주장했다. 또 근본적으로는 전 세계적으로 육식을 줄여나가는 일이 필요하다고 강조했다. 지속할 수 있는 축산업과 육류 소비로 희생당하는 동물들을 위해 우리 모두가 고민해봐야 할 때이다.

일본 방사능
오염수 논란

원호섭

고려대 신소재공학부에서 공부했고, 대학 졸업 뒤 현대자동차 기술연구소에서 엔지니어로 근무했다. 이후 동아사이언스 뉴스팀과 《과학동아》팀에서 일하며 기자 생활을 시작했다. 매일경제 과학기술부를 거쳐 현재 매일경제 산업부에서 에너지·화학 분야 기업을 취재하고 있다. 지은 책으로는 『국가대표 공학도에게 진로를 묻다(공저)』, 『과학, 그거 어디에 써먹나요?』 등이 있다.

일본 방사능 오염수
얼마나 위험할까?

2011년 3월 11일 오후 2시 46분. 일본 도호쿠 지방의 산리쿠 연안 태평양 해역에서 규모 9.1의 강진이 발생했다. 파란 바닷물은 거대한 쓰나미로 돌변했다. 육지로 흘러들어온 바닷물은 검은 물이 되어 건물과 거리를 휩쓸었다. 쓰나미의 높이는 최대 10m가 됐을 정도로 거셌다.

사람들의 관심은 후쿠시마 원자력발전소로 향했다. 다행히 규모 9.1의 큰 지진에도 후쿠시마 원전은 끄떡없었다. 지진이 발생하자 원전은 자동으로 작동이 중지되었다. 여기까지는 다행이었다. 이후가 문제였다. 원자력발전소는 핵연료를 담고 있는 '노심'에서 핵분열이 일어나면서 열이 발생하고 이 열로 만들어진 증기가 터빈을 돌려 전기를 생산한다. 핵분열이 일어나는 노심은 상당히 뜨겁기 때문에 냉각수를 넣어서 식혀줘야 한다. 그런데 쓰나미 때문에 비상발전기에 전기를 공급하는 변전설비가 침수되면서 비상전원 공급이 끊겨 버렸다. 열을 식히지 못한 노심은 조금씩 녹아내리기 시작했다. 노심을 감싸고 있던 '지르코늄(Zr)'이 기존에 있던 냉각수와 반응하면서 수소가 만들어졌고, 이 수소는 공기와 반응해 '수소 폭발'을 일으켰다. 이 과정에서 방사성 물질인 요오드(I)와 세슘(Cs)이 외부로 흘러나왔다. 후쿠시마의 악몽은 그렇게 시작됐다.

후쿠시마의 악몽

이후 많은 일이 있었다. 일본 수산물에서 방사성 물질이 검출됐고, 원전에서 방출된 방사성 물질이 바람을 타고 한국 대기에서 검출되기도 했다. 그래도 조금씩, 소식은 사그라들었고 기억 저편에서 조금씩 잊혀 갔다. 후쿠시마 원전 사고가 발생한 지 9년이 지났다. 세간의 기억에서 사라질 법한 후쿠시마의 악몽이 다시금 살아나고 있다. 후쿠시마 원전 부지를 가득 채우고 있는 '방사능 오염수' 때문이다. 지구촌 축제인 2020년 도쿄 올림픽을 앞두고 방사능 오염수는 전 세계적인 골칫거리로 전락했다.

쓰나미

해저지진

해양

원자력발전소
(후쿠시마)

도시

육지

핵위험

© Digital Globe

2011년 3월 11일 일본 산리쿠 연안 태평양 해역에서 규모 9.1의 강진이 발생해 거대한 쓰나미가 후쿠시마 원전을 포함한 일본 동북부 해안 지대를 덮쳤다. 결국 후쿠시마 원전은 수소 폭발을 일으키고 말았다

후쿠시마 원전 운영기관인 도쿄전력에서는 사고 이후 뜨거워진 노심을 식히기 위해 원전 내부로 많은 물을 들이부었다. 노심과 닿은 물에는 스트론튬(Sr), 세슘과 같은 방사성 물질이 담겨 있었다. 말 그대로 방사성 물질이 섞인 물이다. 여기에 자연스럽게 원전으로 흘러 들어간 지하수까지 더해졌다. 도쿄전력에서는 고준위 방사성 물질이 누출됐던 사고 원전에 사용한 물을 버리지 못하고 후쿠시마 원전 부지의 저장 탱크에 저장해 왔다. 2019년 7월 말 기준으로 원전 부지에 쌓인 방사능 오염수의 양은 115만t이 넘는다. 일본은 이를 태평양에 방류할지 고민하고 있다. 일본과 인접해 있는 한국은 불안하다. 후쿠시마 방사능 오염

수, 과연 우리에게 어떤 영향을 미칠까.

일본 "방사능 오염수, 태평양에 배출할게요"

　　일본 정부와 도쿄전력에서는 후쿠시마 원전 오염수를 2020년까지 모두 정화해 처리하겠다고 밝혔다. 하지만 후쿠시마 원전 냉각수는 현재도 일주일에 2000~4000t씩 늘어나고 있는 실정이다. 또 원전 부지가 해발 10m에 건설돼 있어서 인근 지하수까지 하루에 100~150t씩 원자로 건물로 흘러들어와 방사성 오염수가 돼 쌓이고 있는 것으로 나타났다. 2019년 8월 도쿄전력에서는 일본 경제산업성 소위원회에 '원전 부지 내의 처리수 저장 탱크가 2022년 여름이면 포화 상태가 될 것으로 예상된다.'라고 보고했다.

　　이런 가운데 일본 정부에서 후쿠시마 원전 방사성 오염수의 처분 방식 중 하나로 거론했던 해양 방류를 유력하게 검토 중인 것으로 알려지면서 태평양 연안 전체가 방사능 오염에 노출되는 것이 아니냐는 논란이 일고 있다. 2019년 8월 국제환경보호단체 그린피스의 숀 버니 독일사무소 수석원자력전문가가 영국의 경제주간지 《이코노미스트》에 기고한 글에서 "일본 정부와 도쿄전력에서 후쿠시마 제1원전에 쌓여 있는 고준위 방사성 오염수 100만t 이상을 태평양에 방류하는 계획을 추진하는 중"이라고 주장한 것이다. 그는 2019년 1월 공개된 그린피스 보고서 「도쿄전력 후쿠시마 제1원전 오염수 위기」 작성을 주도했던 인물이다. 숀 버니는 2019년 8월 14일 서울에서 열린 기자간담회에서 앞선 연구 결과를 설명하면서 "고준위 방사성 오염수를 태평양에 방류하면 1년 뒤 동해의 방사성 물질도 증가할 것"이라고 주장하기도 했다.

　　이 같은 주장은 일본 고위 관계자들의 발언과 맞물리면서 주변국의 우려를 불러일으켰다. 2019년 9월 10일 퇴임을 하루 앞둔 하라다 요시아키 일본 환경상이 국무회의 후 열린 기자회견에서 후쿠시마 원전 오염수 처리 문제에 대해 "눈 딱 감고 바다에 방출하는 것 외에 별다른

© Maxar Technologies

현재 후쿠시마 원전에서는 인근 지하수까지 원자로 건물에 유입되면서 방사성 오염수가 1주일에 2000~4000t씩 늘고 있다. 약 100만 t의 오염수가 원전 부지 내에 있는 저장 탱크(사진)에 보관돼 있지만, 일본 정부에서는 해양 방류를 유력하게 검토하고 있다.

방법이 없다.”라며 “일본원자력규제위원회에서도 과학적으로 안정성을 입증하면 괜찮다고 말하고 있다.”라고 발언한 것이다. 이후 소관 부처인 일본 경제산업성에서 처리 방식에 대해서는 결정된 바 없다고 해명했지만, 일본 정부 장관급 인사의 발언이라는 점에서 일본에서 원전 처리수 해양 방류를 유력하게 고려하고 있다는 주장에 힘이 실리게 됐다. 게다가 요시아키 전 환경상은 2019년 9월 18일에도 일본의 한 TV 프로그램에 출연해 “후쿠시마 오염수는 바다에 방류해야 한다”고 또다시 주장했다.

이와 관련해 다케모토 나오카즈 일본 과학기술상은 2019년 9월 16일(현지 시각) 오스트리아 빈에서 열린 국제원자력기구(IAEA) 총회에서 “후쿠시마 원전의 방사성 오염수는 정화과정을 거치기 때문에 삼중수소를 제외하면 다른 방사성 물질은 검출되지 않는다”고 해명했다. 원전 냉각폐수를 정화처리장치인 ‘다핵종제거설비(ALPS)’로 처리하면 대부분의 방사성 핵종은 제거된다. 다만 물 분자를 이루고 있는 수소(H)의 일부가 방사성 삼중수소(H-3)인 경우 정화 설비로 걸러지지 않고 처리수에 남게 된다. 이 발언을 두고 일부 국내 언론들에서는 일본 정부에서 ‘얼떨결에’ 오염수가 방사성 물질임을 시인했다고 보도했는데, 정확히 이야기하면 일본에서는 단 한 번도 오염수 내에 방사성 물질이 없다고 얘기한 적이 없다. 또한 홈페이지를 통해 세슘, 삼중수소 등 방사성 물질의 농도를 공개해 온 만큼 '얼떨결에'라는 표현은 과장됐다. 일본에서 방사능 오염수 방류를 이야기하며 주변국의 눈치를 살핀 것은 단지 이번뿐만이 아니다. 2013년 9월에도 일본 정부에서는 당시 ALPS 처리를 거친 뒤 오염수 방류를 논의한 바 있다.

그런데 일본에서는 이보다 앞선 2011년 4월 5일, 그러니까 후쿠시마 원전 사고가 나고 한 달이 채 안 된 시점에 원전에 보관 중이던 방사능 오염수 1만 1500t을 바다에 방류한 전력(前歷)을 갖고 있다. 당시 방류시킨 오염수에 섞인 방사성 요오드 131의 농도는 $1cm^3$당 6.3베크렐(Bq)이었다. 이는 당시 일본의 법정 배출 기준의 약 100배에 해당했는데, 일본 정부에서는 인체에 미치는 영향이 적을 뿐 아니라 늘어나는 고농도의 오염수를 처리하기 위한 불가피한 선택이었다고 밝혔다. 한국과 러시아 등 인접국의 반발로 사과를 하기는 했지만 물은 엎질러진 뒤였다. 또한 폭발로 대기 중으로 흩어졌던 방사성 물질이 땅으로 떨어지면서 상당한 양이 바다에 축적됐다.

방사능 오염수의 방사능량은 어느 정도일까

후쿠시마 원전 부지에 저장된 오염수가 갖고 있는 방사능량은 어느 정도일까. 전문가들은 도쿄전력에서 공개하는 자료가 맞다는 가정하에 계산해 보면 과거 후쿠시마 원전에서 흘러나온 방사성 물질과 비교했을 때 극히 낮은 수준이라고 이야기한다.

먼저 도쿄전력 자료에 따르면, 세슘-137은 방사능 오염수에서 리터당 400Bq이 검출됐다. 이는 앞서 언급한 다핵종 제거 설비(ALPS)라는 정화장치를 두 번 거친 뒤 측정한 값이다. 115만t의 오염수가 있으니, 여기에는 대략 4.0×10^{11}Bq의 세슘-137이 존재한다고 추정할 수 있다. 상당한 양이다. 그런데 앞서 도쿄전력에서 바다에 방류한 오

2013년 4월 17일
국제원자력기구(IAEA)
전문가들이 후쿠시마 원전의
해체 계획을 검토한 뒤 현장을
떠나고 있다.
ⓒ Greg Webb / IAEA

염수 안에 있던 세슘-137과 비교하면 큰 값은 아니다. 유엔과학위원회(UNSCEAR)에서 2013년 UN 총회에 제출한 자료에 따르면, 후쿠시마 원전 사고 이후 원전에서 태평양으로 흘러 들어간 세슘-137의 양은 $3 \times 10^{15} \sim 6 \times 10^{15}$Bq로 나타났다. 대기 중으로 날아갔던 세슘이 바다에 떨어진 양은 $5 \times 10^{15} \sim 8 \times 10^{15}$인 것으로 분석됐다. 물론 사고 당시 방사성 요오드(요오드-131)도 상당수 배출됐지만 '반감기(방사능 물질의 농도가 반으로 줄어드는 데 걸리는 시간)'가 8일인 만큼 지금은 전부 사라지고 없다. 세슘-137의 반감기는 30년이라 현재 바다에 남아 있는 후쿠시마 원전의 방사성 물질은 대부분 세슘이다. 앞의 계산을 토대로 살펴보면, 후쿠시마 원전 부지에 있는 방사능 오염수의 세슘-137 양은 2011년 3월 원전 사고 후 태평양으로 배출된 세슘 방사능 총량의 0.003~0.005%에 해당한다. 유엔과학위원회(UNSCEAR)에서 더 많은 연구를 토대로 발표한 「후쿠시마 사고 조사 2017년판」에 담긴 내용도 이와 비슷했다.

그렇다면 일본이 자신 있게(?) 오염수에 남아 있다고 주장한 '삼중수소'의 양은 얼마나 될까. 역시 일본 도쿄전력에서 남긴 자료가 맞다는 가정하에 살펴보면, 오염수 내 삼중수소의 양은 리터당 110Bq에서 최대 4만Bq로 나타났다. 전문가들에 따르면, 이를 분석할 경우 최대 1.0×10^{15}Bq인 것으로 추정된다. 상당히 많아 보이기는 하는데, 이는 지구 자연계에 존재하는 총 삼중수소 방사능 양의 0.0014%에 해당한다. 삼중수소는 상층 대기권에서 우주 방사선이 공기 중의 질소와 반응할 때에도 생성돼 대기와 바다에 자연적으로 존재하기도 한다.

2011년 4월 일본에서 인접국의 허락 없이 무단으로 배출한 오염수와 대기 중으로 퍼진 방사성 물질이 갖고 있는 방사선의 총량은 오염수와 비교했을 때 상당히 컸다. 이 때문에 한국을 비롯한 여러 나라에서 일본 수산물 수입 규제를 강화하거나 수입을 금지하는 정책을 펴기도 했다. 하지만 놀랍게도 이미 지구에는 후쿠시마 원전 오염수가 갖고 있는 방사성 물질보다 더 많은 양의 방사성 물질로 가득 차 있다. 1940년대부터 시작된 여러 나라의 핵실험 때문이다. 지구의 토양과 바다에는 핵실험으로 발생한 세슘−137과 방사성 스트론튬과 같은 물질이 낮은 농도로 축적돼 있다. 태평양에 존재하는 세슘−137의 양은 1×10^{18}Bq로 추정된다. 앞서 후쿠시마 원전수에 있는 세슘−137 양은 많아 보이지만, 태평양에 존재하는 세슘−137의 1%에 해당한다. 오염수에 있는 삼중수소가 내뿜는 방사선량은 이미 지구 자연계에 존재하는 총 삼중수소 방사선량의 0.0014% 수준으로 평가되고 있다. 오염수가 갖고 있는 방사성 물질의 수치를 계산하면 이처럼 크게 우려할 수준은 아니다. 원자력계의 많은 전문가들이 후쿠시마 원전 오염수에 대한 공포가 과장됐다고 얘기하는 이유이다.

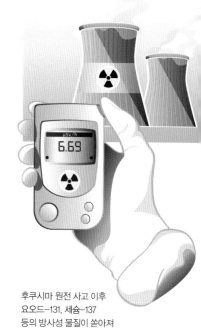

후쿠시마 원전 사고 이후 요오드−131, 세슘−137 등의 방사성 물질이 쏟아져 나왔는데, 현재는 반감기가 긴 세슘−137이 남아 있다.

과학이 다가 아니다

그런데 이 모든 계산은 '도쿄전력에서 공개하는 자료가 맞다는 가

일본에서 당장 후쿠시마
원전의 방사능 오염수를
해양에 배출한다고 해도
국제원자력기구(IAEA)나
우리나라에서 할 수 있는
'실질적 조치'는 없다.

정'하에서만 성립한다. 일본 시민단체를 비롯해 그린피스와 같은 환경
단체들에서는 도쿄전력에서 정화해 처리한 오염수에서 스트론튬과 같
은 강한 방사성 물질이 상당수 검출됐다고 주장한다. 또한 방사능 오염
수 처리를 제대로 하고 있는지, 바다로 무단 방류하는 것은 없는지 등
민감한 부분에 대해서 도쿄전력에서 제대로 된 정보를 공개하고 있지
않다고 지적한다. 이는 후쿠시마 원전 사고 이후 도쿄전력에서 수습 과
정에서 거짓말을 하거나 우왕좌왕하며 제대로 대처하지 못하면서 신뢰
를 잃었기 때문이다. 또한 도쿄전력 보고서에 따르면, ALPS 처리를 거
친 오염수에 플루토늄과 같은 강한 방사성 물질이 검출됐다는 기록이
남아 있다. 세슘-137도 대부분 정화됐다고 주장하지만, 보고서에 있는

것처럼 100% 사라진 것은 아니다.

지구 전체에 퍼져 있는 방사성 물질과 비교했을 때 후쿠시마 원전에 존재하는 물질이 미량에 해당한다 하더라도 좁은 지역에 집중적으로 모여 있는 만큼 위험성이 극히 적다고만 할 수는 없다. 방사성 물질을 바다로 방류했을 때 해류를 따라 흐른다고 해도 상당수는 후쿠시마 인근 해역부터 차례로 쌓이고 결국 일본 근해의 방사성 물질 농도는 다른 지역보다 높아질 가능성도 배제할 수 없다.

이 같은 이유 때문에 일본의 방사능 오염수 해양 방류에 대한 한국 정부의 기조는 과학 이전에 정당화와 최적화 원칙을 지켜야 한다는 입장이다. 오염수가 갖고 있는 방사선량을 측정하는 것이 '과학'이라면 정당화 원칙과 최적화 원칙은 오염수 방출에 대한 투명한 정보 공개와 소통을 뜻한다. 방사성 물질이 극미량이라고 해도 어찌 됐든 바다에 쌓일 것이고 이는 미래 세대가 짊어져야 한다는 것 또한 고려돼야 한다. 이 같은 원칙을 토대로 한국 정부에서는 2019년 9월 국제원자력기구(IAEA) 총회에 참석해 중국의 동의를 이끌어 내기도 했다. 중국 원자력규제기관 또한 일본의 방사능 오염수 해양 방류는 절대 안 된다는 원칙을 갖고 있으며 혹시라도 있을지 모를 일본의 해양 방류를 막을 수 있는 다양한 조치를 취하기로 의견을 교환했다. 하지만 문제는 국제원자력기구에서 일본 정부에 행사할 수 있는 '실질적 조치'는 없는 만큼 내일 당장 일본이 방사능 오염수를 해양에 배출한다고 하더라도 우리가 막을 방법은 없다는 점이다.

국내 바다에 미치는 영향은?

대다수 전문가들은 일본에서 방사능 오염수를 배출한다 하더라도 국내에 미치는 영향은 상당히 적을 것이라는 의견을 제시한다. 2011년 3월 원전 사고 이후 상당히 많은 양의 방사성 물질이 대기를 비롯해 바다로 흘러 들어갔지만, 국내 인근 바다의 방사선량은 2011년 이전과 크게

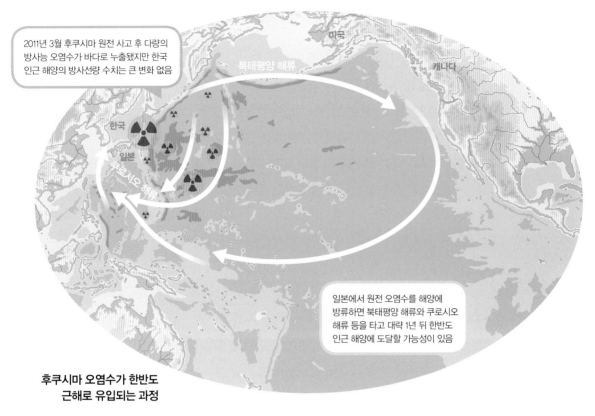

2011년 3월 후쿠시마 원전 사고 후 다량의 방사능 오염수가 바다로 누출됐지만 한국 인근 해양의 방사선량 수치는 큰 변화 없음

일본에서 원전 오염수를 해양에 방류하면 북태평양 해류와 쿠로시오 해류 등을 타고 대략 1년 뒤 한반도 인근 해양에 도달할 가능성이 있음

후쿠시마 오염수가 한반도 근해로 유입되는 과정

달라지지 않았기 때문이다. 또한 도쿄전력에서 방사성 물질 수치를 낮게 책정했다 하더라도 우리에게 미치는 영향은 적다는 것이 중론이다.

정부에서는 국내 해역 22곳에서 매년 해수의 세슘, 스트론튬, 삼중수소의 방사능 농도를 측정하고 있다. 세슘과 스트론튬은 인공적으로 발생하는 방사성 물질이다. 과거 핵실험 결과로 전 세계 바다와 토양에서는 미량의 세슘-137과 스트론튬이 측정되는데, 2011년을 전후로 한국 인근 해양의 방사선량은 큰 변화가 없는 것으로 조사됐다. 『2018년 원자력안전연감』에는 인근 해역에서 검출된 방사능 농도는 후쿠시마 원전 사고 이전 5년간 평균치 이내로 일본 사고 원전 및 오염수 유출로 현재까지 우리나라 해역에 미친 영향은 확인되지 않고 있다고 쓰여 있다. 후쿠시마 원전에서 배출한 방사성 오염수가 해류를 따라 1년 이내에 국내로 유입될 수 있다는 것은 알려져 있지만, 그 양은 태평양으로 퍼진 양과 비교하면 극미량에 해당하는 만큼 전문가들은 국내 해역에서 잡은 수산물은 마음 놓고 먹어도 된다고 얘기한다.

과거 일본에서 원전수를 무단으로 방류했을 때, 혹은 일본에서 수입한 수산물에서 미량의 방사성 물질이 검출됐을 때, 많은 사람들은 방사성 물질을 어떻게 먹느냐고 우려하는 반면, 전문가들은 그 정도 양은 우리 몸에 미치는 영향이 적다고 언급했다. 일부 사람들은 방사성 물질이 들어 있는 생선을 먹으면, 몸속으로 들어가 '체내피폭'이 되는 만큼 건강에 더 안 좋은 영향을 끼친다고 이야기한다. 하지만 이 역시 과장됐다는 지적이 나온다. 내부, 외부의 문제라기보다는 피폭선량의 문제인 만큼 방사성 물질이 극미량 검출된 생선을 먹는다고 해서, 그 생선을 옆에 두고 있을 때보다 건강에 더 좋지 않다고 보기는 힘들다. 여러 과학자는 내부피폭이 외부피폭보다 위험하다는 논문을 찾지 못했다고 말한다.

또한 삼중수소가 방사성 물질이기는 하지만 호흡이나 섭식을 통해 체내에 유입되더라도 인체 독성은 낮다고 설명한다. 방출되는 방사선이 에너지가 약한 '베타선'인 데다가 생물학적 반감기(유입된 양이 체내에서 절반으로 감소하는 기간)가 9.7일 정도로 짧아서이다. 방사성 핵종 전신계수기로 측정해보면 모든 사람의 몸속에서는 방사성 물질인 칼륨-40이 발견되는데, 삼중수소는 칼륨-40보다 방사선량이 300분의 1 수준으로 낮다. 특히 삼중수소는 상층 대기권에서 우주 방사선이 공기 중의 질소와 반응할 때에도 생성돼 대기와 바다에 자연적으로도 존재하고 있다.

미량의 방사선, 인체에 어떤 영향 미칠까

2011년 후쿠시마 원전 사고 이후 국내 대기에서, 또한 수산물에서 미량의 방사선이 측정되었을 때 전문가들은 괜찮다고 했지만 많은 일반인은 '공포'를 느꼈다. 이를 설명하기가 참 쉽지 않다. 미량의 방사선이 우리 몸에 미치는 영향에 대해 정확하게 알 수 없기 때문이다. 과거 원폭 피해 생존자나 원자력 종사자 집단에 대한 연구 결과, 100mSv(밀리

국제방사선방호위원회(ICRP)에서 제시하는 '알라라(ALARA)' 원칙은 피폭량을 합리적인 수준으로 줄일 수 있으면 줄여라'라는 뜻이다. 방사선에 노출되는 것이 나쁘다고 건강검진용 CT 촬영을 하지 말라는 의미는 아니다.

시버트) 이상 피폭된 사람들에게서 암 발생률이 피폭 방사선량에 선형적으로 비례해 증가하는 것으로 나타났다. 하지만 그 이하의 방사선량에 대해서는 영향이 명확하지 않다. 해로운 영향을 미친다는 결과도 있고, 오히려 이롭다거나 상관이 없다는 결과도 발표되고 있다.

국제방사선방호위원회(ICRP)와 각국 규제기관들에서는 안전을 우선시하는 관점에서 100mSv 이하에서도 선형적으로 영향을 미친다고 가정하는 '문턱 없는 선형 가설(Linear No-Threshold model, LNT model)'을 채택해 방사선 방호를 이행한다. 이에 따라 국제방사선방호위원회에서 권고하는 1년간 방사선량의 한도는 관련 직업 종사자 20mSv, 일반인 1mSv이고, 우리나라에서도 이를 따른다. X선 1회 촬영 시 약 0.1mSv, 흉부 CT 촬영 시 5~10mSv 정도의 방사능에 노출된다. 비행기로 북미나 유럽을 왕복할 때에도 0.1mSv 정도의 우주방사선을 추가로 받는다.

우리나라 사람들은 연평균 3mSv의 자연방사선에 노출되고 있으며, 국가에 따라 자연방사선에 노출되는 양은 연평균 1~10mSv(전 세계 평균 2.4mSv)로 차이가 크다. 이들을 기준으로 살펴보면 2011년 이후 국내 수산물에서 검출됐던 방사능 수치는 무시할 만한 수준이다.

2013년 우리나라 원전 인근에서 잡힌 숭어에서 kg당 4~6Bq의 세슘이 검출돼 논란이 된 적이 있었는데, 이를 피폭선량으로 환산하면 숭어만 100만 kg 이상을 먹어야 CT 촬영을 했을 때의 피폭량과 비슷한 값을 갖는다. 섭취했을 때 발생하는 내부피폭이 더 위험하지 않느냐고 할 수 있지만, 위험은 내부, 외부피폭의 문제보다는 계산되는 피폭선량에 비례해 크기가 달라진다.

　물론 방사선방호를 위한 LNT 모델은 100mSv 미만에서도 그 선량에 비례하는 만큼 위험이 수반될 것으로 가정한다. 그런데 LNT 모델은 '가정'일 뿐, 실제 위험이 있는지는 현재, 그리고 앞으로도 정확히 알기 어렵다. 이 가정에 따른 결과가 검증하기 어려울 정도로 작기 때문이다. 설사 이 가정을 받아들인다 하더라도, 아무리 작은 방사선량도 위험할 수 있다고 주장하는 것은 맞을 수도 있고 틀릴 수도 있다. 일반인 피폭한도인 연간 1mSv는 일생 동안 매년 1mSv를 피폭할 경우 그에 따른 연간 위험이 용인될 수 있는 수준이며, 사망률이 연간 1만분의 1보다 낮게 유지될 것으로 보는 수준을 뜻한다. 참고로 현재 우리나라 5000만 명 인구에서 매년 7000명 정도가 사망하는 교통사고의 위험은 1만 명당 1.4명 수준이다.

　필자는 2011년 4월 원자력병원을 찾아 갑상샘암 제거 수술을 한 환자를 만난 적이 있다. 갑상샘암에 걸려 갑상샘을 모두 절개한 환자들은 남아 있는 암세포를 죽이기 위해 180~200mCi(밀리퀴리)의 방사성 요오드를 복용한다. 이를 Bq(베크렐)로 환산하면 약 66억 6000만 Bq이고 환자가 받는 방사선량은 약 400mSv이다. X선을 4000번 찍었을 때 받는 방사선량이다. 환자가 방사성 요오드가 들어 있는 알약을 받았을 때 필자의 손에 있던 방사선량 계측기의 수치가 급격히 올라갔다. 방사선량은 환자가 알약을 먹고 난 뒤에도 계속 올라가더니 0.033mSv로 최대치를 보였다. 자연에서 나오는 방사선량이 평균인 0.00015mSv의 220배에 해당한다. 일본 후쿠시마 원전 사고 이후 서울 대기에서 검출된 방사선량(0.0000343mSv)의 약 1000배에 해당했다. 하지만 많은 전문가들은 이 정도는 우리 몸에 미치는 영향이 미미한 수준이다며 걱정하지 말라고 말한다.

전문가들이 설정한 선량한도란 관리수단일 뿐이다. 이를 초과했다고 해서 '위험하다'라고 할 수 있는 경계선이 아니라는 얘기이다. 합리적 개념에서 '위험하다'라고 말할 정도의 피폭은 단기간에 100mSv 이상 받는 경우이다. 100mSv 미만에서는 암 증가가 확인된 적이 없고 임상적으로 의미 있는 조직손상도 없다. 방사선방호를 위한 가정과 사실은 구분해야 한다. '1mSv 피폭에서도 암 위험이 있는 것으로 가정한다.'가 맞는 말이다. 예방의학 관점에서 보면 미량의 방사선 피폭도 줄이는 것이 건강에 도움이 될 수도 있다. 다만 기억해야 할 점은 '알라라(ALARA, As Low As Reasonably Achievable)' 원칙이다. 1977년 ICRP에서 확립한 원칙으로 직역하면 '피폭량을 합리적인 수준으로 줄일 수 있으면 줄여라.'라는 뜻이다. 여기에서 중요한 것은 '합리적'이라는 단어이다. 방사선에 노출되는 것이 나쁘다고 해서 건강을 검진하기 위한 X선 촬영이나 CT 촬영 등을 하지 않는 것은 오히려 더 큰 화를 불러일으킬 수 있다는 말이다.

일본 전역이 방사능에 오염됐다?

2011년 11월 일본과 노르웨이, 미국 공동 연구진에서는《미국립과학원회보(PNAS)》에 '후쿠시마 원전 사고에 따른 세슘-137의 일본 토양 퇴적 및 오염'이라는 제목의 논문을 게재했다. 이 논문은 컴퓨터 시뮬레이션을 통해 후쿠시마 사고 시 방출된 세슘이 일본 영토에 퇴적됐을 가능성을 확인한 연구였다. 일본 토양을 직접 채취한 뒤 방사능을 측정한 내용이 아니었다. 예측값인 만큼 실제 측정값과는 차이가 컸다. 하지만 이 논문을 바탕으로 '일본 땅의 70%가 방사능에 오염됐다. 일본 여행을 가서도 안 된다.'라고 확대해 해석한 주장이 인터넷을 떠돌고 있다.

하지만 이는 심하게 과장된 주장이다. 이 논문의 저자들은 처음부

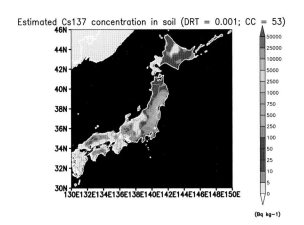

Estimated Cs137 concentration in soil (DRT = 0.001; CC = 53)

(Bq kg-1)

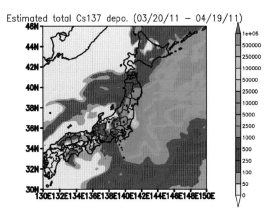

Estimated total Cs137 depo. (03/20/11 - 04/19/11)

터 많은 가정이 포함돼 계산 결과에 불확실성이 크다는 점, 후쿠시마현 동쪽 일부 지역만 방사능 농도 제한치를 초과하고 있다는 점 등을 분명히 밝혔다. 논문 저자 중 하나인 일본 도쿄대 하야노 류고 명예교수는 국내 학회에 참석해 "잘못된 가정에 의해 과대평가된 결과이므로 실제 일본에서 측정한 값을 사용해 달라."라고 말했을 정도이다.

만약 이 논문의 결과가 사실이라고 해도 웃지 못할 상황이 발생한다. 논문에서는 일본 땅의 약 70%에서 토양 1kg당 5Bq의 방사성 물질(세슘-137)이 검출됐다고 나와 있다. 만약 1kg당 5Bq의 방사성 물질로 오염됐으니 살 수 없다고 한다면 한국에서도 살 수 없다. 1940~1060년대 미국과 구소련에서 진행한 핵실험 때문에 한국 토양에서도 방사성 물질(세슘-137)이 이 정도 수준으로 검출되고 있다. 한국원자력안전기술원(KINS)에 따르면, 후쿠시마 원전 사고 이전인 1997년 전국 853개 지점의 토양에서 검출된 세슘-137의 농도 범위가 1kg당 0~252Bq(베크렐)이었다. 후쿠시마 원전 사고 직후인 2011년 4월 25일 교육과학기술부(현 과학기술정보통신부)에서 발표한 KINS의 조사 결과도 이와 비슷했다. 쉽게 말하면, 평균적으로 한국의 토양은 세슘-137이 1kg당 5Bq 수준으로 오염돼 있다는 뜻이다. 위험을 알리고 피해야 하지만 과장된 공포는 혼란만 일으킬 뿐이다. 이 논문을 보면서, 일본 여행 중이라면 빨리 돌아와야 한다고 주장한 사람들은, 한국에도 있어서는 안 된다.

2011년 11월 《미국립과학원회보(PNAS)》에 실린 논문에서는 컴퓨터 시뮬레이션을 통해 일본 전역의 토양(왼쪽)과 해양을 포함한 주변 영역(오른쪽)에 각각 어느 정도의 세슘-137이 축적됐을지를 추정했다. 후쿠시마 원전 근처의 농도가 높음을 알 수 있다.
© PNAS

후쿠시마 지역에는 곳곳에 방사성 토양을 모아둔 상태이다. 사진은 2014년 3월 11일 후쿠시마현 도미오카에 쌓여 있던 방사성 토양 더미.

도쿄에서 방사능 핫스팟이 발견됐다!

2019년 7월 도쿄의 한 공원에서 일본의 한 시민단체에서 방사능이 높은 '핫스팟'을 발견했다는 소식이 전해졌다. 후쿠시마 원전으로부터 200km 떨어진 도쿄의 공원에서 채취한 토양 시료에서 $1m^2$당 7만 Bq이 넘는 방사선량이 검출됐다는 내용이었다. 방사선 관리구역 설정 기준이 $1m^2$당 4만 Bq인 만큼 공원의 흙이 출입제한 수준으로 오염되었다는 이야기이다.

하지만 이는 과장된 내용이다. 후쿠시마 원전에서 누출된 방사성 물질이 바람을 타고 이동해 도쿄 공원에 내려앉은 것은 맞다. 평균적으로는 미미한 값이지만 빗물에 쓸려 한곳에 집중적으로 모이면 국부적으로 방사능이 높은 핫스팟이 생길 수 있다. 특히 세슘은 물에 잘 녹고 흙에 달라붙는 성질이 있는 만큼 농축될 가능성이 크다. 국부적으로 존재하는 핫스팟을 측정한 결과만으로 도쿄 전체가 방사능에 오염됐다고 얘기할 수는 없다. 즉, 축구장에서 가로와 세로가 5cm인 지역에서만 국부적으로 방사성 물질이 쌓여 방사능 수치가 높게 측정된 것을 두고, 축구장 전체가 오염됐다고 말할 수 없는 것과 같다.

그러나 괜찮다고 해서 핫스팟 지역에서 뒹굴 필요는 없다. 후쿠시마 원전 사고 이후 8년이 지났지만 세슘-137이 토양 표면에 존재한다는 사실은 사고가 일어난 지역 가까운 곳에서는 여전히 주의를 기울여야 한다는 것을 뜻한다.

일본에서 갑상샘암 환자 수가 늘었다?

후쿠시마 원전 사고 후 후쿠시마현 미나미소마시 시립병원에서 조사한 결과, 전체적으로 성인 암 환자 수가 늘었다는 통계가 있다. 즉, 2011년과 비교했을 때 2017년 갑상샘암 환자는 29배, 백혈병 환자는 10.8배, 간암 환자는 3.92배 각각 증가했다고 한다. 많은 사이트에서 이를 카드뉴스로 만들어 후쿠시마 원전이 불러온 비극이라고 이야기한다.

하지만 이는 잘못된 통계라는 것이 전문가들의 중론이다. 환자가 처음 암 진단을 받았을 때 '한 명'으로 기록된 뒤 치료를 위해 병원을 재방문했을 때에도 새로운 '1명'으로 기록되는 식으로 환자 수가 부풀려졌다는 것이다. 게다가 다른 병원에 있다가 암치료를 받기 위해 미나미소마시 시립병원으로 온 환자도 '새로운 환자'로 등록됐다. 미나미소마시 시립병원에서 근무하는 도요와키 사와노 박사는 이 같은 내용을 정리해 2019년 2월 국제학술지《인터내셔널 저널 오브 메디신》에 '후쿠시마 원전 사고 이후 가짜뉴스와 사회적 오명(汚名)과의 싸움, 종적 임상 연구의 중요성'이라는 제목의 논문을 발표했다. 여러 통계 오류를 고려했을 때 후쿠시마 원전 사고 이후 암 환자가 증가했다고 볼 수 없다는 내용이 담겼다. 유엔과학위원회(UNSCEAR)에서도 후쿠시마 사고 시 주민이 받았을 것으로 추정되는 방사선량을 고려한다면 암 발생률의 증가가 거의 나타나지 않을 것이라는 입장을 견지하고 있다.

일본의 핵심 소재
수출 규제

한세희

연세대 사학과와 연세대 국제학대학원을 졸업했다. 전자신문 기자를 거쳐 동아사이언스 데일리뉴스팀장을 지냈다. 기술과 사람이 서로 영향을 미치며 변해 가는 모습을 항상 흥미진진하게 지켜보고 있다. 『어린이를 위한 디지털과학 용어사전』을 썼고, 『네트워크 전쟁』을 우리말로 옮겼다.

일본은 왜 세 가지 소재를 규제했을까?

반도체 제조 시설인 팹(fab).
반도체 시장에는 반도체
설계와 제조를 모두 하는
종합반도체기업이 있는가 하면.
직접 설계만 하고 생산은 외부
전문업체(파운드리)에 맡기는
팹리스 기업도 있다.

현대사에서 한국과 일본의 관계가 평온했던 적은 거의 없었다. 하지만 위태위태한 줄타기를 하던 한일 관계는 문재인 정권 출범 이후 브레이크 없이 악화일로를 걸었다. 대법원에서 일제시대 징용공들에 대한 일본 기업들의 배상 책임을 인정한 판결을 확정하고, 이를 근거로 국내 일본 기업의 자산에 대한 강제 집행에 들어가자 일본에서는 반도체 핵심 소재의 한국 수출을 제한하는 조치로 맞대응했다.

일본에서는 2019년 7월 불화수소와 포토레지스트, 플루오린 폴리이미드처럼 반도체 · 디스플레이 생산에 필요한 세 가지 핵심 소재의 수출 규제를 발표한 데 이어, 8월에는 1120여 개 전략 물자의 수출 절차를 간소하게 해주는 화이트 국가 리스트에서 우리나라를 제외했다. 이전에는 3년에 한 번만 포괄적 허가를 받으면 일본 기업에서 한국 기업에 자유롭게 반도체 소재를 수출할 수 있었는데, 이제는 매번 수출할 때마다 무슨 제품을 누구에게 얼마나, 무슨 목적으로 판매하는지를 일본 정부에 신고하고 허가를 받아야 한다. 이 절차는 통상 90일 정도 걸린다. 예전보다 업무가 더 번거로워졌음은 물론, 일본 정부에서 언제든 이런저런 이유를 들어 수출을 가로막아 우리 반도체 산업에 영향을 미칠 수 있게 됐다.

반도체 공정의 핵심 소재 중 상당수를 일본에 의존하는 국내 반도체업계로서는 난감한 상황이다. 일본 기업에서도 가장 중요한 고객 중 하나인 한국 반도체 기업들을 놓칠 판이다. 한일 관계 악화라는 외교 사안이 터지면서 생각지 못하게 양국의 반도체 산업이 영향을 받은 셈이다.

그렇다면 이 같은 규제는 우리 반도체 산업에 어떤 영향을 미칠까. 일본은 왜 수많은 반도체 디스플레이 부품 소재 중 불화수소와 포토레지스트, 플루오린 폴리이미드 세 가지를 콕 집은 것일까. 세계 최고 수준이라는 우리나라 반도체 산업의 민낯은 과연 어떠한가. 이번 일을 계기로 우리는 국내 반도체 산업이 어느 정도의 위치에 서 있고, 앞으로 어떤 길을 걸어야 할 것인지 돌아볼 기회도 얻었다. 다만, 이 이야기를 하려면 우선 반도체 산업의 구조와 반도체 생산 공정에 대한 대략적인 이해가 필요하다.

반도체 산업, 정교한 공급망 위에서 돌아간다

먼저 거시적인 반도체 산업의 구조와 가치 사슬을 살펴보자. 반도체 산업은 글로벌 환경에 펼쳐진 극도로 정교한 공급망 위에서 돌아가는데, 관련 업계의 주요 기업들에서 이 공급망 중의 한 자리들을 차지한다. 애플이나 삼성전자, 델과 같은 글로벌 IT 기업에서는 자사의 스마트폰과 컴퓨터, 서버, 가전제품 등을 위해 중앙연산장치(CPU), 정보를 저장하는 D램 메모리, 스마트폰의 CPU에 해당하는 애플리케이션 프로세서(AP) 등을 더 좋은 품질로 더 싸게 공급하라고 요구한다.

　인텔, 삼성전자, SK하이닉스와 같은 반도체 기업에서는 이런 요구에 대응하고 경쟁에 뒤처지지 않기 위해 기술을 개발하는 동시에 생산 시설에 막대한 투자를 해야 한다. 연구실에서 미래를 대비한 첨단 공정 기술을 개발하는 한편, 생산 라인에서는 제품을 더 싸고 안정적으로 대량생산해 원가 경쟁력을 확보하는 피 말리는 싸움이 벌어진다. 이 기업들에서 반도체 설계와 제조를 모두 하기 때문에 종합반도체기업(Integrated Device Manufacturer, IDM)이라고 불린다. 반도체 제조 시설을 구축하는 데에는 엄청난 투자가 필요하므로 이 IDM들은 모두 대기업이다.　반면 스마트폰 AP와 모뎀 칩을 파는 퀄컴처럼 설계만 직접하고, 생산은 외부 전문업체에 맡기는 기업도 있다. 이들은 반도체 제조 시설인 '팹(fab)'이 없다 하여 '팹리스(fabless)' 기업이라 불린다. 엔비디아나 AMD처럼 널리 알려진 기업도 팹리스 업체이다. 팹리스 기업처럼 지적재산권과 설계 능력을 가졌지만 막대한 설비 투자가 부담스러운 기업들을 위해 생산을 대신해 주는 기업도 있다. 대만 TSMC 같은 위탁생산 전문기업, 즉 '파운드리(foundry)'에서는 대규모 생산 시설을 갖추고, 외부 업체의 주문을 받아 반도체를 제조한다. 파운드리가 있기 때문에 작은 벤처 기업에서도 설계 기술력과 새로운 아이디어가 있다면 반도체 시장에 도전할 수 있다. 그리고 반도체 생산과 공정 운영에 필요한 수많은 재료와 부품 소재, 반도체 생산 라인을 이루는 초정밀 장비를 만드는 기업들이 있다. 이 기업들에서는 반도체 생산 기업과 밀접히 협력하며 최적화된 부품 소재와 장비를 제공해야 한다. 공정 운영의 안정성이 무엇보다 중요하기 때문이다.

　이들은 반도체 생산 기업의 요구에 따라 제품을 공급하는 납품 업체이자, 때로는 반도체 기업의 차세대 제품을 개발하기 위해 초기 단계부터 협력하는 파트너이기도 하다. 이번에 한국과 일본에서 충돌한 것이 이 부품 소재 분야이다. 국제반도체장비재료협회(SEMI)의 자료에 따르면, 2020년 세계 반도체 재료 시장은 538억 달러(약 63조 원)에 이를 전망이다. 장비 시장은 719억 달러(약 84조 원) 규모로 추산된다. 여기에 반도체 설계에 바탕이 되는 기초 설계도를 제공하는 ARM 같은 기업, 반도체 설계를 위한 소프트웨어를 제공하는 반도체설계자동화(Electronic Design Automation, EDA) 도구 기업 등이 더해져 거대한 반도체 산업 생태계를 이룬다.

반도체 산업은 전자 제품을 사용하는 세계의 모든 인구를 시장으로 삼는 거대한 산업이다. 이 산업에 참여하는 기업들은 주로 미국과 한국을 비롯해 독일, 영국 등 일부 유럽 국가, 일본, 중국, 대만, 싱가포르 등에 분포해 있다. 지리적으로는 북미와 동북아시아, 유럽 등에 퍼져 있고, 생태계 내 각 산업 영역에서는 소수의 기업에 시장이 집중돼 있는 과점 시장이다. CPU는 인텔이 선두이고 AMD가 멀찍이 뒤에서 쫓아간다. 메모리 반도체는 경쟁사들이 거의 사라지고 삼성전자, SK하이닉스, 미국 마이크론 정도가 남았다. 첨단 반도체 생산 장비는 미국, 일본, 유럽의 소수 기업에서, 반도체·디스플레이 소재는 일본과 독일의 전문 기업에서 시장을 주도한다. 이런 구조 속에서 우리나라 반도체·디스플레이 기업에서는 부품 소재를 조달하기 위해 일본의 정밀화학 및 재료공학 기술에 의존하고, 반도체·디스플레이 제조 경쟁에서 밀려난 일본에서는 핵심 소재와 장비를 공급하는 역할로 시장에서 지위를 옮겨왔다.

반도체 공정의 핵심 소재, 포토레지스트와 불화수소

반도체는 복잡하고 정교한 공정을 거쳐 만들어진다. 반도체 공정은 기본적으로 실리콘 웨이퍼 위에 반도체 회로를 새겨 넣은 뒤 불필요한 부분은 잘라내고 반도체 특성을 나타낼 수 있는 여러 물질을 입히는 과정을 반복해 최종적으로 웨이퍼에 형성된 수많은 반도체를 낱개로 잘라 포장하는 과정이다. 이 공정은 전자공학, 물리학, 재료공학, 광학, 정밀화학, 기계공학 등 첨단 공학 기술이 총동원된 현대 엔지니어링 기술의 결정체이다.

실리콘 결정과 실리콘 웨이퍼.
실리콘을 고온에 녹여 원기둥
모양의 실리콘 잉곳을 만들고,
이를 얇게 잘라 다듬으면
웨이퍼 원판이 된다.

　　반도체의 원재료는 실리콘 웨이퍼이다. 얇고 둥그런 실리콘 판인 웨이퍼는 반도체에 관한 뉴스나 책에 가장 흔하게 등장하는 이미지이기도 하다. 본래 웨이퍼는 얇고 바삭하게 구운 과자를 말한다. 즐겨 먹는 과자 중 하나인 웨하스가 웨이퍼의 일본식 표현이다. 실리콘을 도가니 속에서 고온에 녹여 고순도 실리콘 용액을 만들고, 단결정 실리콘을 이 용액에 접촉해 성장시키면 원기둥 모양의 커다란 단결정 실리콘 잉곳(ingot)이 생긴다. 잉곳을 얇게 잘라 기계적·화학적 방법으로 다듬으면 웨이퍼 원판이 된다. 이후 웨이퍼 표면을 산소로 산화시켜 웨이퍼에 산화막을 입힌다. 산화막은 전기가 잘 통하지 않는 절연체이므로 나중에 웨이퍼에 반도체 회로가 새겨진 뒤 회로 사이에 전류가 흐르는 것을 막는다. 또 이후 공정에서 투입되는 다른 물질의 확산을 막고, 불순물이 섞이는 것도 막아준다.

　　이제 웨이퍼에 회로를 그릴 차례인데, 이는 본격적으로 반도체가 만들어지는 단계이다. 이 과정을 포토 공정(photolithography)이라고 한다. 반도체 회로를 그리는 과정은 카메라 필름 인화와 비슷하다. 우선 웨이퍼 위에 그려질 반도체 회로의 설계도가 필요하다. 컴퓨터 소프트

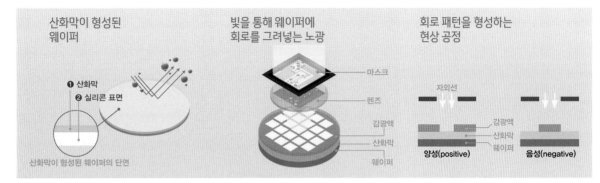

산화막이 형성된 웨이퍼	빛을 통해 웨이퍼에 회로를 그려넣는 노광	회로 패턴을 형성하는 현상 공정
웨이퍼 표면을 보호하는 산화 공정. 산화막은 불순물을 막아준다. ⓒ 삼성반도체이야기	포토 공정 중 노광 공정. 빛을 이용해 웨이퍼에 회로를 그려 넣는다. ⓒ 삼성반도체이야기	포토 공정 중 현상 공정. 회로 패턴이 뚜렷이 형성된다. ⓒ 삼성반도체이야기

웨어로 설계한 회로 패턴을 순도가 높은 석영 판 위에 크롬으로 형성한다. 포토마스크라 불리는 설계도 원판이다. 사진 원판 필름이 있으면 같은 사진을 얼마든지 다시 인화할 수 있듯, 포토마스크를 사용해 같은 반도체를 계속 생산할 수 있다. 반도체 회로의 세밀한 패턴을 좀 더 쉽게 그리기 위해 포토마스크는 실제 회로 크기보다 크게 만들어진다.

이렇게 만들어진 포토마스크와 웨이퍼가 노광 장비에 들어간다. 노광 장비는 포토마스크의 회로 패턴을 따라 정밀하게 빛을 쪼여 밑에 놓인 웨이퍼에 그대로 새기는 장비이다. 이때 노광 장비에 들어오는 웨이퍼 표면에는 포토레지스트라는 화학 물질이 발려 있는 상태이다. 포토레지스트는 우리 말로는 감광액(感光液)으로서 빛을 받으면 상태가 변화하는 물질을 말한다. 카메라 필름에도 감광액이 묻어 있어, 셔터를 눌러 필름이 빛에 노출되면 빛에 닿은 부분만 변화하며 잔상이 남는다.

노광 장비가 포토마스크 위로 빛을 비추면 웨이퍼에는 회로의 모양에 따라 빛이 닿는 부분과 닿지 않는 부분이 생긴다. 포토레지스트는 빛에 닿으면 사라지는 '포지티브(positive)' 형과 빛이 닿는 부분만 남기는 '네거티브(negative)' 형태로 나뉜다. 포토레지스트가 빛을 받아 남거나 사라지면서 웨이퍼에 회로 모양이 형성되면, 현상액을 뿌려 남아 있는 작은 입자 등 불필요한 요소를 제거한다. 촬영 후 빛을 받아 형상이 새겨진 필름을 현상해 좀 더 선명한 사진을 얻듯이, 반도체도 현상 공정

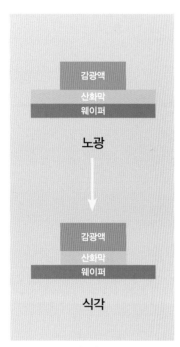

식각(에칭) 공정. 산화막 등 다른 층에서 회로 패턴 이외의 부분을 제거하는 것이다.
ⓒ 삼성반도체이야기

을 거쳐 회로 패턴 형상이 뚜렷이 형성된다. 이 과정에서 포토레지스트가 노광 장비에서 나오는 빛의 파장에 맞춰 정확하게 반응해야 정밀한 미세 패턴을 그릴 수 있다. 노광기에서 나오는 빛의 파장이 짧아질수록 미세하게 회로를 그릴 수 있고, 회로 폭이 작아질수록 한 장의 웨이퍼에서 더 많은 반도체를 만들 수 있어 수익성이 좋아진다. 짧은 파장의 빛에 정확하게 반응하는 고품질 포토레지스트가 이번에 일본에서 수출을 규제한 품목에 속한다.

다음 공정은 식각으로 에칭(etching) 공정이라고도 한다. 포토 공정을 거쳐 웨이퍼에 회로 패턴을 그렸으므로 이제 필요 없는 부분을 없앨 차례이다. 노광 공정에서 산화막 위에 바른 포토레지스트 위에 회로의 밑그림을 그렸다면, 이제 산화막 등 다른 층에서도 회로 패턴 이외의 부분을 제거하는 것이다.

식각은 말 그대로 깎아낸다는 의미다. 학생 시절 미술 시간에 배웠던 에칭 판화 기법과 비슷하다. 동판에 부식 방지액을 바른 뒤 날카로운 바늘로 그림을 그려 부식액 속에 담그면 바늘에 긁혀 노출된 부분만 부식되어 밑그림이 새겨지는데, 이를 밑그림으로 하여 판화를 찍는 것이 에칭 판화이다. 반도체 공정에서도 부식 물질로 웨이퍼의 불필요한 부분을 제거해 회로를 형성하는 과정을 식각(에칭)이라 한다. 포토 공정에서 회로를 그릴 때 남은 포토레지스트를 남겨둔 채 나머지 부분을 깎아 없애 회로 패턴을 형성한 뒤 포토레지스트까지 없앤다. 이때 식각 재로 쓰이는 물질이 이번에 일본의 수출 규제 품목에 포함된 고순도 불화수소이다. 지금까지 설명한 노광과 식각은 한 층의 회로를 만드는 과정이다. 실제 반도체는 각자 다른 특성을 가진 여러 개의 층으로 구성되는데, 매번 층을 쌓고 회로를 그린 뒤 불필요한 부분을 깎아 없애는 과정을 반복한다. 이때 각 층에 필요한 성질을 지니도록 하기 위해, 또는 층간 회로를 연결하거나 구분하기 위해 얇은 막을 입힌다. 이런 얇은 막을 박막(薄膜, thin film)이라 부른다. 여기서 말하는 박막은 기계 가공으로는 만들 수 없는 1000분의 1mm 이하의 막을 말하기 때문에, 이 같

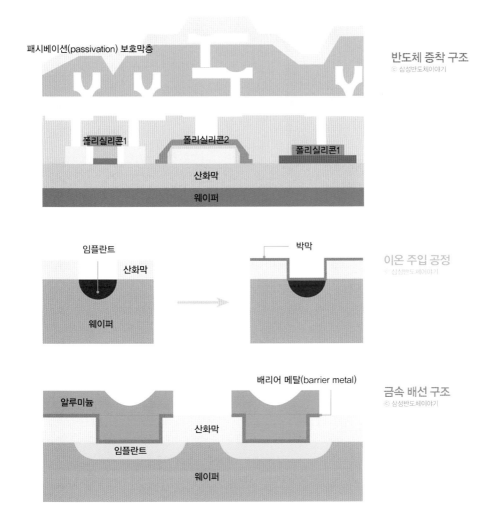

패시베이션(passivation) 보호막층

반도체 증착 구조
ⓒ 삼성반도체이야기

폴리실리콘1
폴리실리콘2
폴리실리콘1
산화막
웨이퍼

임플란트
산화막
박막
웨이퍼

이온 주입 공정
ⓒ 삼성반도체이야기

배리어 메탈(barrier metal)
알루미늄
산화막
임플란트
웨이퍼

금속 배선 구조
ⓒ 삼성반도체이야기

은 막을 입히려면 특수한 기술이 필요하다. 이 공정에 필요한 기술이 증착이다. 증기 상태의 원료 물질을 웨이퍼에 입힌다는 의미다. 원료 가스를 주입해 열이나 플라스마에 의해 분해한 뒤 원하는 물질이 기판에 달라붙어 막을 형성하는 화학적 기상증착(Chemical Vapor Deposition, CVD) 방법을 주로 쓴다. 웨이퍼 표면에는 금과 같은 촉매 물질을 미리 배치해 원료 물질과 만나 결정이 성장하게 한다. 보호막인 절연막이나 전도성막을 형성한다.

원하는 반도체 성질을 얻기 위해서는 이온주입 공정도 거쳐야 한다. 전기가 통하지 않는 부도체 실리콘에 적절한 이물질을 주입하면 원

제조 후 외부 기판과 금선으로
연결된 반도체.
© 삼성반도체이야기

하는 전기적 성질을 띠는 반도체로 바뀐다. 이를 위해 붕소, 인, 비소 등의 물질을 이온 형태로 만든 뒤 강력한 에너지로 웨이퍼 전면에 쏘아 심는 과정이 이온주입 공정이다. 적절한 농도로 균일하게 처리하는 것이 관건이다.

이 같은 과정을 거쳐 만들어진 반도체 회로는 외부와 전기적 신호를 원활하게 주고받아야 제대로 작동할 수 있다. 그래서 전기 신호가 잘 전달되도록 회로 패턴에 따라 금속선을 입히는 금속 배선 작업을 한다. 반도체와 전기가 지나다니는 길을 내주는 셈이다. 주로 웨이퍼에 잘 붙고 전기 저항이 낮으며, 조작하기 쉽고 가격은 싼 알루미늄이나 텅스텐, 티타늄 등의 금속을 증착 방식으로 입혀준다.

이렇게 해서 웨이퍼 위에 수많은 반도체가 만들어진다. 반도체가 제대로 작동하는지, 불량은 없는지에 관한 테스트를 거친 뒤, 웨이퍼에 형성된 개별 반도체를 다이아몬드 톱이나 레이저로 잘라낸다. 잘린 반도체는 망가지기 쉽다. 그래서 외부 전기 신호를 연결하는 동시에 지지대 역할을 하는 리드프레임이라는 부품 위에 올린 뒤, 얇은 금선이나 작은 공 모양의 금속 입자로 반도체와 외부 기판을 연결해 전기를 주고받을 수 있게 한다. 이후 화학수지로 반도체를 밀봉해 포장하면 우리가 흔히 보는 사각형의 검은색 반도체 제품이 탄생한다. 이 같은 반도체 제조 공정은 크게 회로를 형성하는 전공정과 포장 등 패키징과 테스트가 이뤄지는 후공정으로 분류하기도 한다.

왜 불화수소, 포토레지스트, 플루오린 폴리이미드를 제한했나?

반도체는 복잡하고 정교한 공정을 거쳐 만들어지며 이 과정에 필요한 장비와 재료의 종류는 헤아릴 수 없이 많다. 그중 일본에서는 우선 단 세 가지 소재만 규제했다. 일본에서는 이들 소재가 위험한 무기로 전

용될 수 있기 때문에 국가 안보를 위해 관리를 강화하는 것일 뿐, 한국 대법원의 일제 징용공 판결이나 양국의 경제 전쟁과는 무관하다고 주장한다. 하지만 반도체 산업 생태계 안에서 한국과 일본 기업들의 관계나 현재 반도체 기술의 발전 방향 등을 생각해 보면 단지 잠재적 위험 물질의 관리 감독 강화로 보기에는 석연치 않은 부분이 많다. 한국 경제에서 가장 큰 비중을 차지하는 반도체 산업의 목줄을 죄기 위해 면밀히 계획하고 정확하게 급소를 찔렀다는 느낌이 든다. 반도체 공정에 가장 핵심적이면서 일본 기업에서 독점적 지위를 갖고 있고, 우리 산업의 미래에 가장 큰 영향을 줄 수 있는 소재를 무기로 삼았다.

포토레지스트와 불화수소가 쓰이는 포토 공정과 식각 공정은 여러 반도체 생산 과정 중에서도 가장 핵심적인 공정이라 할 수 있다. 반도체의 근간을 이루는 회로 패턴을 형성하는 과정이기 때문이다. 전체 반도체 제조 시간의 50% 이상이 노광 공정 하나에 들어갈 정도이다. 특히 반도체 산업에서는 회로 선폭을 줄여 더 작고 정밀한 제품을 만들어내는 것이 중요하다. 회로 사이의 간격이 줄어들수록 한 장의 웨이퍼에서 더 작은 반도체를 더 많이 만들어낼 수 있고, 이것은 곧 원가 경쟁력으로 이어지기 때문이다. 삼성전자에서 세계 D램 반도체 시장을 제패한 전략이 바로 회로 선폭을 줄여나가는 압도적인 공정 기술을 지속적으로 개발하면서 물량 공세, 가격 공세를 벌이는 것이었다. 흔히 뉴스에서 듣는 25나노 공정, 10나노 공정 같은 용어에 등장하는 나노 단위 숫자가 바로 반도체 회로 선폭이다. 반도체 성능이 18개월마다 2배씩 증가한다는 '무어의 법칙'도 이 같은 공정 기술의 발전에 힘입은 것이다. 하지만 회로 선폭이 10nm(나노미터, 1nm=10억분의 1m) 수준에 근접하면서 이제 반도체 공정 기술이 그만큼 빨리 발전하기는 어려워졌다. '무어의 법칙'도 사실상 폐기된 상태이다. 이런 가운데 주목받는 것이 극자외선(EUV)을 이용한 노광 공정이다. 10nm 이하의 공정을 구현하기 위한 방법으로 꼽힌다.

노광 공정은 회로 패턴 설계도가 그려진 포토마스크에 빛을 쪼아

웨이퍼에 비추면, 웨이퍼 위에 도포된 포토레지스트 중 빛을 받는 부분과 안 받는 부분이 서로 다른 반응을 보이며 회로가 새겨지는 과정이다. 노광 공정에 쓰이는 빛의 파장이 짧을수록 더 좁고 정밀하게 회로 패턴을 그릴 수 있다. 현재 미세 회로 제작용 노광 장비는 주로 불화아르곤(ArF) 레이저를 광원으로 사용한다. ArF 광원은 파장이 193nm라서 10nm 이하의 회로 패턴을 그리기에는 무리이다. 미세 패턴을 구현하기 위해 웨이퍼와 광원 사이에 고순도 물을 두어 빛의 굴절률을 높여 해상도를 높이거나, 웨이퍼 위를 왔다 갔다 하며 여러 번에 걸쳐 패턴을 그리는 등의 방식으로 정밀도를 높여 왔지만, 이 같은 개선에도 한계가 있다. EUV 공법은 파장이 13.5mm 수준인 극자외선을 광원으로 활용한다. 파장이 기존 기법의 10분의 1 수준이라 훨씬 세밀하게 회로를 그릴 수 있다. 패턴을 그리기 위해 여러 번 왔다 갔다 할 필요도 없이 한 번에 그릴 수 있으므로 공정 시간도 단축할 수 있다. 삼성전자, SK하이닉스 등에서는 모두 EUV 공정 기술 확보에 공을 들이고 있으며, 조금씩 EUV 공정의 가동에 들어간 상태이다. 하지만 극자외선은 대부분 물질에 모두 흡수되어 버리는 성질이 있어 특수한 노광 장비와 물질이 필요하다. 포토레지스트 역시 일반 제품은 극자외선 광원을 흡수해 버려 회로를 그릴 수 없다. EUV 공정에 쓸 수 있는 특별한 조성의 포토레지스트는 현재 JSR이나 TOK, 신에츠 등 소수 일본 기업들만 생산해 공급하고 있다. 한국무역협회 자료에 따르면, 이들이 EUV 포토레지스트 시장의 90% 이상을 차지한다.

일본 정부의 수출 규제는 바로 EUV 공정용 포토레지스트 등 고품질 포토레지스트에 집중되어 있다. 일본 경제산업성에서 수출 심사 강화 대상으로 올린 포토레지스트는 15~193nm 파장의 빛에서 사용하는 포지티브형 포토레지스트, 1~15nm 빛에서 사용하는 포토레지스트, 전자빔 또는 이온빔용 포토레지스트, 임프린트 리소그래피 장치에 사용하는 포토레지스트 등 네 가지이다. 이 중에서 '1~15nm 빛에서 사용하는 포토레지스트'는 EUV 공정용 포토레지스트, '15~193nm 파장의 빛에서 사용하는 포지티브형 포토레지스트'는 ArF 공정용 포토레지스트라 할 수 있다. 전자빔 및 이온빔용 포토레지스트와 임프린트 리소그래피 장비용 포토레지스트도 차세대 공정 후보로 거론되는 기술들을 위한 소재이다. 파장이 더 길고, 국내 기업들에서도 생산하는 불화크립톤(KrF) 광원용 포토레지스트는 규제 대상에서 빠졌다. 일본의 포토레지스트 수출 규제는 모두 우리 반도체 산업의 미래를 겨냥한 것임을 알 수 있다. 삼성전자에서는 신시장을 개척하기 위해 대만 TSMC에서 주도하는 파운드리 시장에 최근 뛰어들었으며, EUV 공정 기술력을 앞세워 사업을 확대하는 중이었다. 하지만 EUV 공정 포토레지스트 수급에 차질이 생기면 파운드리 사업이 악영향을 받는다.

회로 선폭이 세밀한 반도체가 형성돼 있는 12인치 실리콘 웨이퍼. 이런 웨이퍼 제작 과정에서 포토레지스트와 불화수소가 쓰이는 포토 공정과 식각 공정이 핵심적이다.
ⓒ Peellden

식각재로 쓰이는 불화수소 역시 미세공정용 정밀 제품은 일본 수입 비중이 높다. 불화수소를 가공하는 것 자체는 어렵지 않지만, 미세한 작업을 하기 위해서는 순도 99.999% 이상의 불화수소가 필요하다. 액체 상태로 사용하는 습식 식각은 속도가 빠르고 비용이 적게 들며 원하는 부분을 식각하기 편하다. 화학 물질을 가스 상태로 만들어 깎아내는 건식 식각은 좀 더 정밀한 작업이 가능하다. 반도체에 비해 상대적으로 회로 선폭이 넓은 디스플레이 공정이나 반도체 라인 중에서 민감도가 떨어지는 라인의 경우에는 국산 제품도 쓰이지만, 정밀도가 높은 식각을 하는 데 쓰이는 불화수소는 모리타나 스텔라케미파 등 일본 기업 제품이 대부분이다. 한국무역협회 조사에 의하면, 2018년 국내 불화수소 수요 중 일본 제품 비중은 41.9%인데, 고순도 제품의 경우 그 비중이 90% 이상으로 올라간다.

플루오린 폴리이미드는 폴더블폰에 쓰이는 구부러지는 화면, 즉 플렉서블 디스플레이를 만드는 데 쓰이는 합성수지 기판 재료다. 반도체 공정과는 크게 상관이 없는 소재라 앞에서 다루지는 않았으나, 역시 스마트폰의 미래로 꼽히고, 삼성전자에서 대표 상품으로 내세우고 있는 폴더블폰의 핵심 재료라는 점에서 일본에서 우리 산업의 미래를 공격한 셈이라 할 수 있다. 2018년 포토레지스트, 불화수소, 플루오린 폴리이미드 세 가지 제품의 총 수입액은 3억 9,000만 달러(4,600억 원)를 조금 넘는 수준이다. 시장 규모가 175조 원에 이르는 우리나라 반도체 디스플레이 산업이 4,600억 원어치 몇몇 소재에 덜미를 잡힌 셈이다.

우리 소재 산업의 현주소와 국산화 움직임

이런 상황에서 우리의 대책은 필요한 제품을 공급할 수 있는 다른 거래선을 찾고, 기술 개발을 서둘러 한두 개 업체에 의존할 필요가 없도록 한다는, 사실 당연한 방법들이다. 물론 이들 소재 중에는 국내에서 아쉬운 대로 수급할 수 있는 것도 있고, 대안을 찾기 힘든 제품도 있다. 현재 문제가 되는 3대 소재 중 EUV 공정용 포토레지스트는 거의 대체가 불가능하다는 것이 중론이다. 다만 아직 EUV 공정이 광범위하게 쓰이지 않고, 확보한 재고도 있어 큰 문제는 없는 것으로 알려져 있다. 벨기에의 관련 기업에서 일부 물량을 수입했다는 보도도 있었는데, 이 유럽 기업 역시 일본 화학기업과의 합작사라는 점을 생각하면 일본 밖의 기업으로서 EUV 공정용 포토레지스트를 안정적으로 생산해 공급할 기업을 찾기는 어려워 보인다.

불화수소는 빠르게 수입 대체가 이루어지고 있다는 보도가 종종 나온다. 실제로 불화수소 관련 제품을 만드는 기업이 적잖게 있고, 그중에는 고순도 기술을 꾸준히 개발해 왔지만 반도체 기업과 일본 공급사의 탄탄한 거래 관계를 뚫고 들어갈 기회를 얻지 못한 기업도 있었을 터이다. 이번 일을 계기로 디스플레이 공정에 들어가는 불화수소 식각액은 대부분 대체됐고, 반도체 라인에서도 대체 작업이 활발히 이루어지고 있다는 소식들이 들려온다. 국내 화학소재 기업인 솔브레인에서 순도 99.9999999999%, 이른바 '12 나인(nine)' 액체 불화수소 양산 시설을 구축했다는 보도도 나왔다. 다만 건식 식각용 불화수소 개발에는 좀

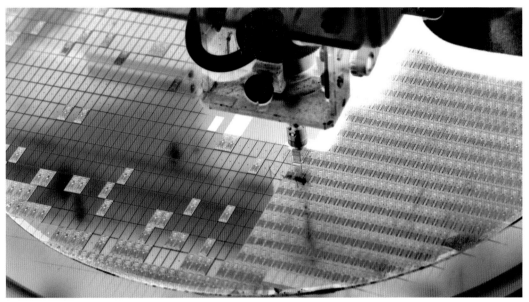

장비를 이용해 웨이퍼에
형성된 반도체 칩 중에서
제대로 작동하는 것만 골라서
리드프레임에 올려놓는다.
반도체 불량률을 줄이는 데에는
고순도 포토레지스트와 고순도
불화수소가 중요하다.

더 시간이 걸릴 전망이다.

　플루오린 폴리이미드 소재는 우리나라에도 생산하는 기업이 있다. 최첨단 폴더블폰에도 쓰일 수 있을 만큼 품질 수준이 높은지는 고객사가 판단할 문제지만, 아직 이 소재에 대한 우려는 크게 전해지지 않는다. 시장 자체가 아직 초기이고, 어떤 특성이 필요할지에 대해 제조사와 부품 소재 공급사에서 계속 논의해야 하는 단계라 할 수 있다.

　현재 우리나라 반도체 디스플레이 산업에서 일본의 수출 규제에 따른 어떤 가시적 영향이 눈에 띄지는 않는다. 다만 불확실성이 높아졌을 뿐이다. 불확실성은 시장에서 가장 싫어하는 것이다. 그래서 일본에서 우리나라에 대해 핵심 소재 수출 제한 조치를 취한다는 소식은 충분히 긴장할 만한 소식이다.

　실제로 우리나라의 반도체 · 디스플레이 산업은 핵심 소재를 일본이나 유럽 등에 크게 의존하고 있다. 이를 나타내는 것이 '가마우지 경제'라는 말이다. 한때 우리나라 첨단 산업은 가마우지와 같다는 이야기가 한창 회자됐다. 목에 줄이 매인 가마우지가 잡은 물고기를 삼키지 못하고 도로 어부에게 토해 놓는 것처럼, 우리나라 제조업도 부품 소재를

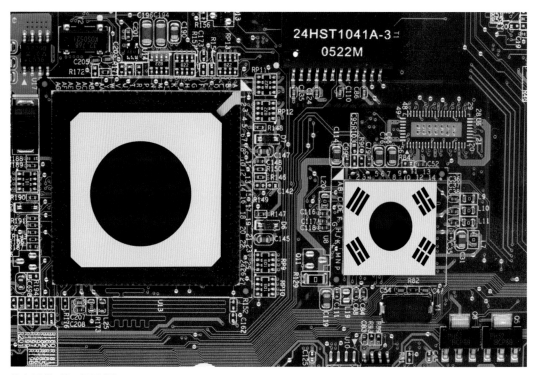

우리나라 반도체 · 디스플레이
산업은 핵심 소재를 일본에 크게
의존하고 있어 이를 '가마우지
경제'라고 빗대기도 한다.

일본에 의존하기 때문에 벌어온 것을 일본에 고스란히 바친다는 비유이다. 이는 한국과 일본 교역 관계의 한 단면을 보여준다.

최근 30년간 우리나라 반도체 산업의 놀라운 성장은 빠르고 안정적인 대량 생산을 밀어붙이는 국내 반도체 기업의 제조 기술과 이를 뒷받침하는 미국, 유럽, 일본의 장비와 부품 소재 기술력이 결합한 결과이다. 특히 지리적으로 가깝고 전자, 화학, 기계공학 등이 고루 발전한 일본과의 관계가 큰 영향을 미쳤다. 반도체 사업을 끌고 갈 산업적 기반이나 학문적 기반이 취약한 상태에서 반도체 산업에 도전한 우리 기업들로서는 불가피한 선택이었다. 그 과정에서 반도체 산업의 기초가 되는 부품 소재나 장비 기술력을 충분히 확보하지 못한 것은 사실이다. 국제반도체장비재료협회에 따르면, 우리나라 반도체 산업의 국산화율은 부품 소재 50%, 장비 18% 수준에 불과하다.

그래서 사실 산업계와 정부에서는 부품 소재 기술력을 높이기 위한 고민을 오래전부터 해 왔고, 국산화를 위해 많은 노력이 이뤄져 왔다. 그에 따른 성과도 있었다. 정부에서는 2001년 부품소재특별법을 제정하고, 제1차 소재부품발전기본계획을 수립했다. 이 해부터 3조 원의 연구개발(R&D) 예산을 투입하여 단기간에 추격할 수 있는 실용화 기술의 개발에 나섰다. 2010년대에 들어서는 선도적으로 첨단 소재를 만들기 위해 세계 10대 일류소재(WPM) 개발 사업도 벌였다. 우리나라 부품 소재 무역수지는 1997년 적자에서 벗어났고, 2018년 부품 소재 수출은 3,162억 달러, 무역흑자는 1,391억 달러에 달한다. 국내 반도체·디스플레이 산업이 커짐에 따라 수입하던 부품 소재와 장비를 국산화하려는 노력도 활발해졌다. 여러 기술 기업들이 등장해 국산화에 도전했고, 삼성, LG 같은 대기업도 국내 파트너 기업 육성에 나섰다. 물류가 편리한 지리적 이점과 가격 우위를 얻을 수 있고, 국내에 대안이 생기면서 해외 기업에 대해 협상력을 높일 수도 있기 때문이다. 아직 해외 선도 기업에 비해 기술 격차가 큰 분야도 있지만, 좋은 성과를 거둬 국산 제품이 완전히 자리 잡은 분야도 있다.

더구나 우리나라 기업에서 반도체·디스플레이 분야 선도 기업으로 자리 잡으면서 업계에서 차지하는 위상도 달라졌다. 세계 반도체·디스플레이 시장에서 생산은 아시아 몇몇 국가의 소수 기업에 집중돼 있다. 삼성전자에서는 메모리 반도체의 절대 강자인 인텔과 반도체 분야 세계 1~2위를 다툰다. SK하이닉스는 세계 2위 메모리 생산 업체이다. 삼성디스플레이와 LG디스플레이는 세계 LCD 시장을 주도했고, 중국의 추격으로 LCD 시황이 안 좋아지자 첨단 OLED 제품으로 위기를 극복하려 하고 있다. 즉, 우리나라 기업에서는 반도체·디스플레이 분야 생산 라인에 많은 돈을 쓰고, 앞선 기술을 요구하는 최고 큰손 중 하나이다. 세계 주요 부품 소재, 장비 업체들에서 삼성전자 같은 기업과 좋은 관계를 맺어야 할 확실한 이유가 있다. 세계적 반도체장비업체인 미국 램리서치에서는 아예 우리나라에 R&D센터를 새로 만들 계획이다.

부품 소재 수급의 문제는 단지 누가 어떤 기술을 갖고 있느냐의 문제라기보다는 산업 생태계 안에서 각 참여자가 어떤 위치에서 무엇에 선택과 집중을 해야 자신들에게 최적의 결과가 나올지 따져가며 움직인 결과라는 점도 기억해야 한다. 그래서 이번 반도체 소재 수출 규제의 영향이 일방적으로 우리에게 불리하게 전개되리라 지레 걱정할 필요는 없다. 일본 기업에서도 주요한 고객을 잃어버리기 때문이다. 반도체 제조사에서 일본 기업을 우대한 것은 생산 공정의 안정성을 지키기 위해 굳이 위험을 무릅쓸 필요가 없기 때문이기도 하다. 그런데 정부 규제라는 외부 요인에 의해 부품 소재 공급에 불안 요소가 생기자 강제로라도 대안을 찾아야 하는 상황이 됐고, 이는 일본 기업의 시장을 잠식하는 결과를 가져왔다. 일본 경제에서도 일본 정부의 수출 규제 조치에 대한 불만의 목소리가 나오고 있다. 수출 규제 이후 한국에 대한 일본의 불화수소 수출이 99% 줄었다는 언론 보도도 나온다. 일본업체 스텔라케미파에서는 세계 불화수소 시장의 70%를 차지하는데, 관련 매출의 60%가 한국 수출에서 나왔었다.

큰 틀에서 보면 글로벌 시장에 통합돼 움직이는 반도체 산업의 생태계에서 각자 자리를 찾아온 한국과 일본의 기업들이 정치적 이익을 위해 민족주의를 동원한 양국 정부의 움직임에 애꿎은 피해를 보는 것이라고도 할 수 있다.

우리 소재 산업의 발전 방향은?

일본의 반도체 소재 수출 규제에 따른 이 같은 혼란을 좀 더 바람직한 내일을 위한 과정으로 만들려면 결국 우리 부품 소재 전반에 걸쳐 경쟁력을 근원적으로 높이는 길을 찾아야 한다. 2019년 7월에 우선 규제 대상이 된 3개 반도체 소재에 주로 관심이 쏠려 있기는 하지만, 7월 조치에 이어진 8월 화이트리스트 제외 조치로 1000여 종이 넘는 일본산 부품 소재의 국내 수출에 제약이 생겼기 때문이다. 여기에는 전기차나 모바일 기기에 쓰이는 배터리 소재나 정부에서 관심을 갖고 추진하는 수소경제 관련 소재 등도 포함된다.

우리나라 기업에서 반도체·디스플레이 분야 선도 기업으로 자리 잡으면서 업체의 위상도 달라졌다. 사진은 미국 산호세에 있는 삼성반도체 실리콘밸리 본부.

사실 우리나라 부품 소재의 경쟁력은 과거와 달리 이제는 전반적으로 높은 수준에 올라와 있다고 할 수 있다. 우리 부품 소재 산업의 무역 흑자가 여러 해 이어지고 있는 것도 우리나라 실력의 방증이다. 한국연구재단의 「2007−2017 주요국 피인용 상위 1% 논문실적 비교분석 보고서」에 따르면, 소재 산업과 밀접한 연관이 있는 재료과학 분야에서 우리 나라의 논문 실적은 세계 4위에 올랐으며, 피인용 상위 1% 논문 중 우리 학자들의 논문 점유율은 6.94%에 이르렀다.

하지만 세계 최고의 제품 혹은 세상에 없던 제품을 만드는 데 필요한 최고 수준의 소재에서는 아직 아쉬운 점이 많은 것도 사실이다. 소재 산업을 발전시키기 위해서는 오랜 세월 여러 세대에 걸쳐 연구자와 엔지니어가 쌓아 온 축적과 기다림이 필요하다. 연구실의 성과가 빠르게 산업 현장에 적용되고, 반대로 산업 현장의 필요가 연구계에 전달되는 개방된 문화도 필요하다. 새로운 기술이 사업화되고 시장에서 검증될 수 있도록 창업과 투자도 활성화돼야 한다. 이 모든 것은 우리가 더 높은 단계의 산업 선진국으로 도약하는 데 필요한 요소들이다. 산업계뿐 아니라 학계와 정부 등에서 모두 참여하여 해결해야 할 문제들이다.

특히 정부에는 보통 당장 돈이 안 되고 오랜 투자가 필요한 연구 개발을 지원하는 역할을 많이 당부하는데, 이번 반도체 소재 사태를 통해 글로벌 시장에서 우리 기업들이 최적의 자리, 더 부가가치가 좋은 자리를 자유롭게 찾아갈 수 있는 환경을 만드는 역할도 중요하다는 사실도 확인할 수 있다. 이번 사태가 터지자 정부에서는 부품 소재 국산화 사업에 추경예산 1,173억 원을 바로 투입했다. 2020년에는 부품 소재 연구개발 사업에 2019년의 두 배가 넘는 2조 원 이상의 예산을 편성한다. 발 빠른 움직임이기는 하지만, 처음부터 기업과 연구자들이 글로벌 시장에서 자유롭게 활동할 수 있는 환경을 만드는 것이 훨씬 더 효과가 클 것이다.

인보사 사태

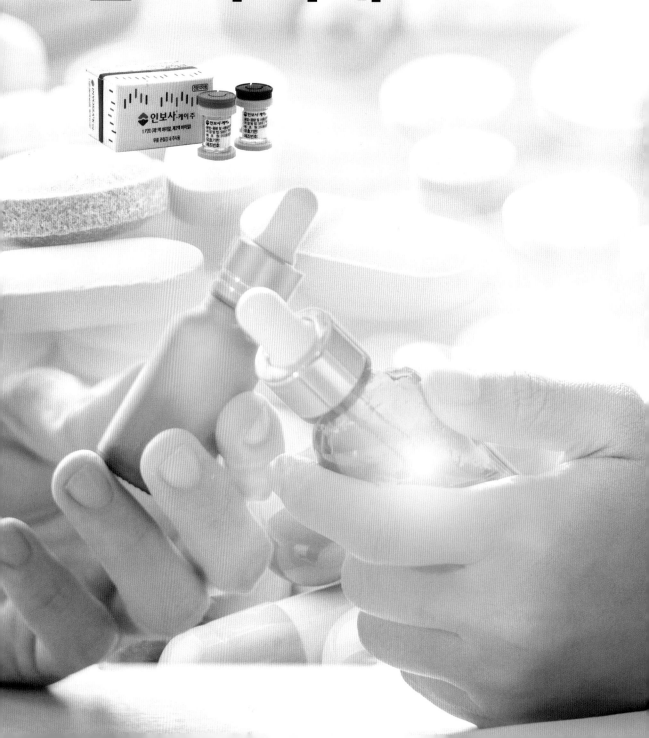

목정민

서울대에서 생물교육학을 공부하고, KAIST 과학저널리즘
대학원에서 석사 학위를 받았다. 과학기자들이 불확실성
이 높은 상황에서 어떻게 취재를 하고 기사를 작성하는가
에 대한 연구로 한국언론학회지에 논문을 발표했다. 과학
교양지 《과학동아》에서 2006년 기자 생활을 시작했고 경
향신문사에서 과학담당기자로 활동했다. 지금은 과학칼럼
니스트로 국내외 과학 이슈를 발굴하고 독자들에게 과학
의 맥을 짚어주는 데 보람과 재미를 느끼고 있다. 지은 책
으로 『과학이슈 11 시리즈(공저)』가 있다.

국내 첫 유전자치료제 인보사의 몰락

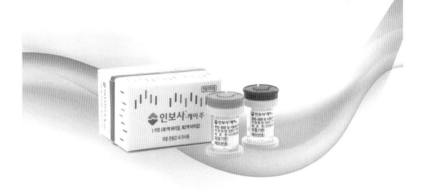

인보사 케이주를 안내하는
책자의 일부.
ⓒ코오롱제약

국내 기업에서 처음으로 개발한 세포유전자 치료제이자 세계 최초의 골관절염 치료제로 주목받았던 코오롱생명과학의 '인보사 케이주(Invossa-K® injection)'에 종양 유발 세포가 포함됐다는 사실이 알려졌다. 인보사를 투약한 환자들은 공포에 빠졌다. 골관절염을 치료하려다가 졸지에 암 환자가 될지도 모르는 상황에 처했기 때문이다. 국내 최초라는 타이틀을 달았던 인보사가 '어처구니'없게도 세포가 뒤바뀐 채 제조됐다는 사실이 알려지자 국내 제약업계에서도 실망감을 감추지 못했다. 인보사 사태가 국내 제약업계에 향후 어떤 영향을 미칠지 주목된다.

인보사에 종양 유발 세포가 포함됐다는 사실이 알려지자 식품의약품안전처에서는 즉각 조사에 돌입했고 추가조사를 거쳐 2019년 3월 31일 인보사의 유통 및 판매를 금지했다. 같은 해 5월 인보사는 품목허가가 취소됐다. 미국에서 임상 3상을 진행하던 중 인보사의 주성분 중 하나가 허가 당시 코오롱생명과학에서 제출한 연골세포와 다른 세포라는 의혹이 불거지면서 일명 '인보사 사태'가 시작됐다.

세포유전자치료제, 인보사 케이주

　인보사 케이주는 인간의 정상 동종 연골세포와 세포의 분화를 촉진시키는 성장인자가 포함된 세포를 무릎의 관절강이라는 부위에 주사하는 주사제다. 연골 재생 효과는 없지만 통증 완화 효과가 있어 신약으로 허가를 받았다. 코오롱생명과학에서 개발한 이 세포유전자치료제는 국산 제29호 신약이었고 2017년 시판 허가를 받았다.

　세포유전자치료제는 세포와 유전자를 함께 넣어 만든 약이다. 인보사는 연골세포에 특정 유전자를 넣은 연골세포를 섞어 만들었다. 한편 세포만 넣은 치료제는 세포치료제라 부른다. 세포치료제는 세포의 기능을 복원하기 위해 환자 본인의 세포(자가세포)나 다른 사람의 세포(동종세포), 다른 동물의 세포(이종세포)를 체외에서 증식시킨 다음 체내에 넣는다. 사용하는 세포의 종류와 분화 종류에 따라 체세포치료제와 줄기세포치료제로 나눌 수 있다. 줄기세포치료제는 성체줄기세포 치료제와 배아줄기세포 치료제로 나뉜다.

　유전자만 넣어 만든 유전자치료제도 있다. 유전자치료제는 잘못된 유전자를 정상 유전자로 바꾸거나 치료 효과가 있는 유전자를 투입해 증상을 고치는 치료제이다. 치료 효과가 있는 유전자를 운반체(벡터)를 통해 환자의 염색체에 주입한다. 유전자치료제는 기존 약물치료와 수술의 단점을 해결해줄 수 있는 차세대 바이오 약품으로 큰 주목을 받아왔다. 유전자를 아예 바꿀 수 있다면 질병을 일으키는 근본을 해결할 수 있기 때문이다. 또한 '크리스퍼 카스9'와 같은 유전자 가위로 유전자를 편집하는 기술이 고도화되면서 유전자치료제 개발에도 속도가 붙을 것으로 예상된다. 유전자 편집 기술은 특정 질병을 일으키는 유전자

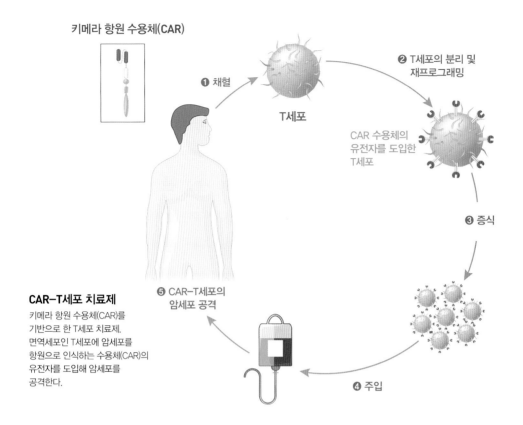

키메라 항원 수용체(CAR)

❶ 채혈

T세포

❷ T세포의 분리 및
재프로그래밍

CAR 수용체의
유전자를 도입한
T세포

❸ 증식

❹ 주입

❺ CAR-T세포의
암세포 공격

CAR-T세포 치료제
키메라 항원 수용체(CAR)를
기반으로 한 T세포 치료제.
면역세포인 T세포에 암세포를
항원으로 인식하는 수용체(CAR)의
유전자를 도입해 암세포를
공격한다.

를 잘라내거나 이어붙여 정상 유전자를 삽입해 교정하는 기술이다.

세계 최초의 유전자치료제는 2014년 네덜란드 바이오기업 유니큐어가 개발한 혈액 장애 치료제 '글리베라'였다. 유전자치료제는 유전자 간섭 치료제, 유전자 가위 치료제, CAR-T세포 치료제 등 세 종류가 있다. 유전자 간섭 치료제는 질병을 일으키는 결함 유전자를 비활성화시켜 질병을 치료한다. 질병의 스위치를 아예 꺼버리는 방식이다. 인위적으로 RNA 가닥을 짧게 만들어 세포에 주입하면 이 물질이 질병 유전자를 잘라내거나 기능을 차단한다. 유전자 가위 치료제는 유전자의 잘못된 부분을 잘라내는 유전자 가위(크리스퍼 카스9)를 이용해 제작된다. CAR-T세포 치료제는 면역세포인 T세포를 유전자 전달 장치로 활용하는 치료제이다. T세포에 암세포를 항원으로 인식하는 수용체 유전자를 도입해 암세포를 파괴하는 용도로 사용한다.

종양 유발 신장세포가 들어갔다?!

인보사는 관절 부위에 직접 주사하는 방식으로 시술하기 때문에 절개, 마취, 수술 등이 없이도 치료할 수 있어 출시할 때부터 주목을 받았다. 주사 1회로 퇴행성 관절염 통증을 2년 이상 완화할 수 있다고 알려졌기 때문에 인기가 높았다. 1회 주사비용이 600만~700만 원으로 고가였음에도 2017년 인보사에서 국내 판매 허가를 받은 뒤 2019년 3월 판매 중단까지 3700여 명의 환자에게 판매됐을 정도이다.

골관절염은 관절을 보호하고 있는 연골이 닳으면서 염증이 생기는 병이다. 흔히 '퇴행성 관절염'이라 불려왔다. 과거에는 나이가 들면 발생하는 질병이라고 생각해 관절염이라는 단어 앞에 '퇴행성'이라는 용어를 붙였다. 그런데 지속적인 연구를 통해 골관절염은 나이가 든다고 반드시 발생하는 것도 아니고 오히려 젊은 나이에 발생하기도 한다는 사실이 알려졌다. 또한 발병 원인도 유전적 요인, 대사 요인, 관절의 모양 등으로 복합적이다. 유전적으로 관절이 손상되기 쉬운 경우, 관절이 부자연스럽게 움직이는 시간이 오래 지속돼 연골에 균열이 생긴 경우, 관절 모양이 어긋나 있는 경우 등으로 다양하다. 정상 관절은 양쪽 뼈의 끝에 단단하면서 탄력 있는 연골이 씌워져 있고 이 관절이 충격을 흡수하는 쿠션 역할을 한다. 그런데 연골이 손상돼 닳아 없어지면 뼈의 표면이 관절면과 직접 닿게 돼 관절 표면의 탄력성이 감소한다.

골관절염은 관절의 염증성 질환 중 가장 발생 빈도가 높은 질환이다. 건강보험심사평가원에 따르면, 국내 골관절염 환자는 2012년 327만 7000여 명에서 2016년 367만 9900명으로 증가했다. 여성(약 252만 명)이 남성(약 116만 명)보다 2.2배 많으며, 특히 여성은 50대 이후부터 크게 증가해 60대에는 30.2%에 이르는 것으로 나타났다. 중년 여성이 남성에 비해 근력이 약하고 폐경 후 호르몬 변화로 골밀도가 감소해 골관절염이 발생할 위험이 높은 것으로 알려져 있다.

인보사가 개발되기 전에는 골관절염 완치 치료제가 없었다. 통증

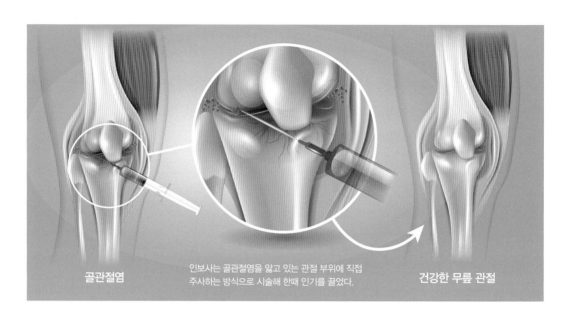

골관절염

인보사는 골관절염을 앓고 있는 관절 부위에 직접
주사하는 방식으로 시술해 한때 인기를 끌었다.

건강한 무릎 관절

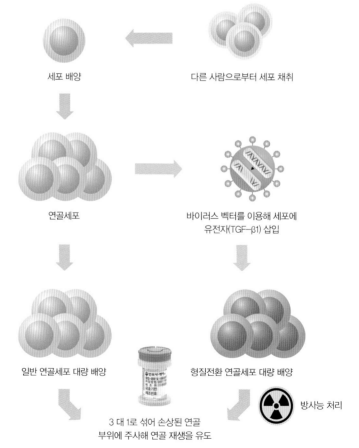

세포 배양

다른 사람으로부터 세포 채취

연골세포

바이러스 벡터를 이용해 세포에
유전자(TGF-β1) 삽입

일반 연골세포 대량 배양

형질전환 연골세포 대량 배양

방사능 처리

3 대 1로 섞어 손상된 연골
부위에 주사해 연골 재생을 유도

을 완화하는 진통제와 염증을 가라앉히는 스테로이드제를 복용하면서 버티는 것이 치료의 전부였던 셈이다. 그런데 골관절염의 진행 속도를 늦추고 통증을 오랫동안 완화하는 효과를 내는 인보사가 개발되자 골관절염 환자들로부터 큰 관심을 받았다.

인보사의 주성분은 1액(동종 유래 연골세포)과 2액(세포 조직을 빨리 증식하게 하는 유전자 TGF-β1을 넣은 동종 유래 연골세포)이다. TGF-β1(Transforming Growth Factor-β1)은 세포증식을 촉진하는 물질로 인체에서 생성되는 단백질의 일종이다.

인보사에서 특히 중요한 물질은 유전자가 삽입된 2액이다. 2액을 만들 때에는 동종 유래 연골세포를 배양한 뒤 바이러스 벡터를 이용해 세포 안에 TGF-β1 유전자를 넣는다. TGF-β1 유전자는 세포분열을 돕고 항염증 효과를 나타내는 성장인자 단백질을 만든다. 바이러스에 이 유전자를 넣은 다음, 다른 세포보다 성장이 빠른 신장세포(GP2-293)에 감염시킨다. 이후 세포의 배양액을 연골세포에 뿌리면 연골세포가 바이러스에 감염되면서 유전자가 삽입된다. 이렇게 유전자를 삽입한 형질전환 세포를 대량으로 배양한 뒤 방사능 처리를 한다. 이를 일반 연골세포와 1 : 3의 비율로 혼합하면 2액이 완성된다. 2액 제조과정에 사용된 GP2-293 세포가 이번 인보사 사태를 유발한 '주인공' 세포이다. 이 세포는 HEK(Human Embryonic Kidney, 사람 태아 신장) 293 세포에서 유래한 세포주로 종양 유발 위험이 있다.

코오롱그룹에서는 일찌감치 바이오산업이 미래 먹거리가 될 것으로 보고 1990년대부터 유전자치료제 개발에 힘을 쏟았다. 인보사를 출시할 당시 이웅열 코오롱그룹 회장은 "인보사 개발에 내 인생의 3분의 1을 투자했다.", "인보사는 나의 4번째 자식"이라며 애정을 보이기도 했다. 인보사라는 이름도 혁신을 뜻하는 영어단어 '이노베이션(Innovation)'에서 따온 이름이다. 코오롱생명과학 계열사 티슈진은 인보사를 개발하는 데 장장 19년이나 공을 들인 것으로 알려져 있다. 1994년 인보사 초기 물질을 개발해 연구하기 시작했으며 1999년에는

'인보사 세포 첫 제작' 2005년 논문과 의문점

형질전환 세포 제작방법(2005년 논문)

❶ GP2-293 세포를 통해 '유전자 운반체' 바이러스를 다량 생산한다.

❷ 미세구멍 필터를 통해 바이러스만을 걸러낸다.

❸ 바이러스를 감염시켜 성장촉진유전자를 연골세포에 전달한다.

❹ 성장촉진 단백질을 분비하는 형질전환 연골세포가 만들어진다.

ENV 바이러스 껍질 유전자

TGF-β1 성장촉진 유전자

필터

GP2-293 세포
유전자 운반체 바이러스를 생산하는 공장 세포

바이러스
유전자 운반체

연골세포

형질전환 연골세포

실제 세포치료

필터링 과정에 실수가 있었나? ➡ 논문 방식과 실제 방식이 달랐나? ➡

GP2-293 세포

미국에 티슈진을 설립해 본격 연구에 돌입했다. 2004년에는 TGF-β1 유전자를 이용한 치료 기술에 대해 미국 특허를 획득했고 2년 뒤 미국 식품의약국(FDA)에서 임상시험 진행승인(IND)을 받았다. 이후 2016년까지 한국과 미국에서 임상 3상까지 차례로 승인받은 후 이듬해 7월 판매 허가를 받고 9월에 출시했다.

그러나 인보사의 세포가 뒤바뀌었다는 사실이 알려지면서 지난 20여 년간 코오롱 측의 연구개발 노력은 물거품이 됐다. 또한 코오롱 측에서 발표해왔던 인보사 관련 다양한 연구성과와 임상시험 결과에 대한 신빙성에도 의문이 제기되고 있다. 과연 세포유전자치료제가 존재했는가에 대해서까지 의문을 제기하는 전문가들이 생겨났다. 이를 두고 코오롱 측에 세포유전자치료제 개발 과정에 대한 자료 공개를 요청하는 움직임도 감지되고 있다.

인보사 사태 발발

유전자를 분리하고 정제하는 과정에서 인보사에 신장세포의 일부가 섞여, 2017년 국내에서 판매를 허가받을 때와는 달리 무허가 세포가 들어 있다는 의혹이 제기됐다. 이후 식약처에서는 제조사에 인보사 제조 및 판매 중단을 요청했다. 제조사에서는 2019년 3월 31일 인보사의 유통 및 판매를 중단했다. 식약처에서는 이 사태에 대한 조사에 돌입했다.

식약처에서는 2019년 4월 15일 중간조사 결과를 발표했다. 내용을 살펴보면, 인보사에 엉뚱하게 신장세포가 들어가 있었다. 인보사의 주성분은 1액(동종 유래 연골세포)과 2액(유전자 삽입 동종 유래 연골세포)로 구성돼 있어야 했다. 그런데 시판되는 인보사를 수거해 검사해 보니 주성분 중 2액이 허가받은 연골세포가 아니었다. 엉뚱하게 신장세포가 인보사에 함유돼 있었다. 식약처에서는 제품을 제조할 때 사용하는 세포주를 수거해 유전학적 계통검사를 실시했다. 유전학적 계통검사란 세포 내 유전자마다 일렬로 짧게 반복되는 STR(Short Tandem Repeat)이라는 DNA 염기서열을 비교해 두 유전자가 서로 같은지 살펴보는 검사이다. STR 검사 결과 2액에 신장세포가 포함됐음이 드러났다.

이 신장세포는 'GP2-293'이다. 이 세포를 판매하는 미국 회사의 가이드라인을 바탕으로 이 세포가 종양을 유발할 위험이 있다는 지적이 제기됐다. GP2-293 세포는 숨진 태아의 신장에서 유래한 세포이다. 증식력이 왕성해 단백질이나 유전자 실험에 자주 쓰인다. 그러나 암 유발 가능성 때문에 단백질을 대량으로 생산하는 용도 외에 인체 치료제로는 쓸 수 없는 세포였다.

코오롱생명과학에서는 GP2-293 세포로부터 유전자만 분리해 정제하는 과정에서 신장세포의 일부가 섞여 들어갔다고 주장했다. 실험 실수였다는 말이다. GP2-293이 '바이러스 운반체'로서 연골세포에 바이러스만 옮긴 채 걸러져야 하는데, 걸러지지 않은 것이다. 약물에 포함

'인보사 사태' 일지

1998년	인보사 개발 시작
2004년	인보사 주성분인 형질전환 연골세포 확립
2006년	국내 임상 1상 승인(12명)
2009년	국내 임상 2상 승인(55명)
2013년	국내 임상 2상 승인(78명)
2017년 4월 4일	중앙약사심의위원회 회의, 의약품 시판 허가 요건 불충족 의결
6월 14일	중앙약사심의위원회 회의, 의약품 시판 허가 요건 충족 의결
7월 12일	식약처, 인보사 시판 허가 발표(판매 3403건). 국내 첫 유전자치료제
2019년 3월 22일	코오롱생명과학, 치료제 주성분이 GP2-293 세포임을 확인해 식약처에 보고
3월 31일	식약처의 요청에 따라 코오롱생명과학의 자발적 유통, 판매 중지
4월 15일	식약처, 중간조사 결과에서 GP2-293 세포 확인. 인보사 제조, 판매 중지 조처
5월 28일	식약처, 인보사 사태에 대한 최종조사 결과 발표. 인보사의 품목허가를 취소하고 코오롱생명과학을 형사고발하겠다고 밝힘
7월 3일	식약처, 인보사 허가 취소 최종 확정

된 유전자를 분리해 정제할 때 다른 세포까지 섞여 들어갔다는 것은 약물 제조 공정 과정에서 문제가 있었다는 말로 풀이된다.

당시 코오롱 측에서는 2004년 검사 당시 GP2-293 세포에만 있는 특정 유전자가 나오지 않아 GP2-293 세포가 모두 걸러졌다고 판단했다고 주장하고 있다. 신장세포가 섞인 사실을 몰랐으며, 비록 신장세포가 섞여 있지만 약품 제조 과정에서 충분히 방사선 처리를 해서 안전하다고 해명했다.

식약처에서는 중간조사 결과 발표 이후 제품 주성분이 신장세포로 바뀐 경위 등에 대해 추가조사를 실시했다. 2019년 4월 16일 정밀조사를 하기 위해 코오롱생명과학의 미국 자회사인 코오롱티슈진에서 보유한 인보사 최초 세포인 '마스터 셀 뱅크(MCB)'를 반입해 배양을 시작했다. 식약처에서는 코오롱생명과학으로부터 일체의 자료를 넘겨받아 조사를 벌여왔으며, 자체 시험 검사와 코오롱생명과학 현장조사, 미국

현지 실사 등의 추가 검증을 시행했다.

그 결과 식약처에서는 코오롱생명과학에서 허가 당시에 허위자료를 제출했다는 사실을 밝혀냈다. 신약으로 허가받기 전에 추가로 확인된 사실을 식약처에 제출하지 않은 것이다. 미국 코오롱티슈진에서는 2017년 3월 코오롱생명과학에 인보사의 의약품 성분이 바뀐 사실을 통지했다. 이는 인보사가 식약처의 허가를 받은 2017년 7월보다 앞서 발생한 일이다. 또 미국 코오롱티슈진에 대한 현지 실사 결과, 코오롱생명과학은 인보사 허가 전 성분세포에 들어간 성장촉진 유전자의 위치와 개수 등이 바뀐 현상을 발견하고도 이 사실을 식약처에 제출하지 않은 것으로 드러났다. 이에 식약처에서는 인보사의 주성분 중 하나가 허가 당시 코오롱생명과학에서 제출한 자료에 기재된 연골세포가 아니라 신장세포인 것을 확인했고, 코오롱생명과학 측에서 추가로 확인된 주요 사실을 숨겼으며, 성분이 바뀐 경위와 이유에 대해 과학적인 근거를 제시하지 못했다고 밝혔다. 결국 식약처에서는 2019년 5월 28일 인보사의 품목허가를 취소하고 코오롱생명과학을 형사고발했다.

개발과 허가 과정에 대한 의문

인보사의 개발 및 허가 과정에서도 의문이 제기됐다. 인보사는 2006년부터 시작한 국내 1~3상 임상시험에서 연골재생 효과를 뚜렷하게 내지 못했다. 식약처에서는 결국 인보사의 골관절염 통증 완화 효과만을 인정해 시판을 허가했다. 허가 당시 정부에서는 연골재생이라는 치료 목적을 띠지 않아도 구조 개선이 된다면 신약으로 볼 수 있다고 주장했다. 항암제가 암을 완치하지 못하고 암세포만 죽이는 효과만으로도 신약으로 인정받는 것과 같은 이치다.

또한 2017년 식약처에서는 인보사 시판 허가를 내주기 전, 중앙약사심의위원회 회의를 몇 차례 열었다. 승인 직전인 그해 4월과 6월에 회의가 한 번씩 총 두 번 열렸다. 4월 회의에서는 인보사가 요건을 충족시키지 못한다는 결론을 내렸다. 두 달 뒤인 6월에는 인보사가 의약품 조건을 충족한다는 결론으로 바뀌었다는 주장도 제기된 상태이다. 두 달 만에 정부 입장이 바뀐 것에 대해 들여다봐야 한다는 지적이다.

형질전환 연골세포에 GP2-293 세포가 섞여 들어간 경위도 의문투성이이다. 일부러 숨긴 것인지, 우연한 실수인지 논쟁거리다. 코오롱 측에서는 실험 중 실수로 GP2-293 세포가 섞였다고 주장하고 있다. 그러나 전문가들은 형질전환 세포 제조 과정에서 GP2-293 세포를 섞는 방식 자체에도 의문을 제기하고 있다. GP2-293 세포를 이용해 바이러스를 만들 수는 있지만, 바이러스만 정제해 약을 제조하지 않고 GP2-293 세포와 연골세포를 섞는 실험 방식을 납득할 수 없다는 뜻이다. GP2-293 세포는 암을 유발할 수 있으므로 이 세포를 직접 섞는 방식은 위험을 높이기 때문이다.

인보사의 화려한 등장과 씁쓸한 몰락

코오롱 측에서는 인보사 투약에 따른 큰 부작용 사례는 아직 보고되지 않았다고 밝혔다. 그러나 인보사에 끼어 들어간 신장세포가 장기

간에 걸쳐 영향을 줄 수 있기 때문에 식약처에서는 15년간 인보사를 투약한 모든 환자에 대해 장기 추적관찰을 하겠다고 밝혔다. 식약처에서는 인터넷 웹사이트를 마련해 인보사 복용환자들이 등록할 수 있는 창구를 마련했지만, 아직 모든 투약 환자들이 등록하지는 않았다. 이외에도 식약처에서는 코오롱 측을 형사고발했으며, 인보사를 투약한 환자들을 중심으로 손해배상 청구가 잇따르고 있다.

인보사 제조사인 코오롱티슈진에서는 상장폐지 위기에 몰렸다가 가까스로 살아남았다(2020년 1월 17일 현재 주식매매가 정지된 상태). 상장폐지는 증시에 상장된 주식이 매매대상으로서의 자격을 상실해 상장이 취소되는 것이다. 보통 주식을 발행한 회사에서 파산하거나 경영상의 중대한 사태가 발생했을 때, 투자자들에게 손해를 입히거나 증시 질서를 어지럽힐 것으로 예상될 때 상장폐지가 된다.

한국거래소 측에서는 2019년 10월 11일 코스닥시장위원회 회의를 거쳐 코오롱티슈진에 개선 기간 12개월을 부여하기로 결정했다고 밝혔다. 한국거래소 측의 결정은 미국에서 인보사의 임상 3상이 재개될 가능성이 아예 없지는 않다는 판단에서이다. 미국 FDA에서 임상 재개와 관련해 자료 보완을 요구해왔기 때문에 상장폐지는 신중하게 결정하

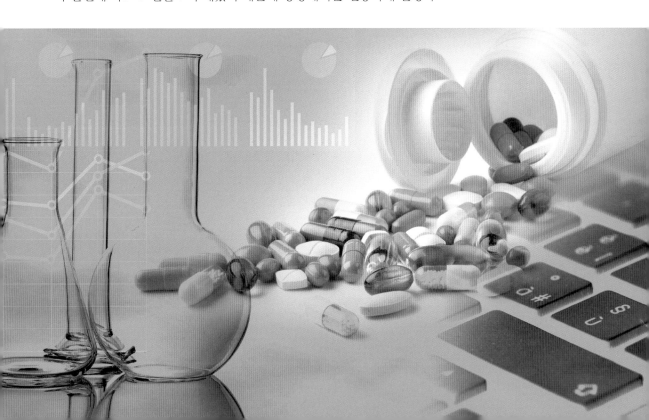

자는 취지로 해석된다.

신약 성공확률은 1만분의 1

신약이란 천연물질에서 약효가 인정된 성분을 추출해 만들거나 화학적으로 합성한 물질을 포함해 새롭게 만들어낸 약을 말한다. 우리나라 약사법에 따르면, 화학 구조 또는 본질 조성이 전혀 새로운 신물질 의약품 또는 신물질을 유효 성분으로 함유한 복합제제 의약품으로서 식약처에서 지정하는 의약품을 말한다. 미국에서는 화학적으로 새로운 성분이 아니더라도 이미 승인된 약의 용량을 강화하거나 처방이나 제조방법을 변경하더라도 신약으로 인정한다. 우리나라 신약 1호는 '선플라'라는 항암제이다. 1999년 SK케미칼에서 개발한 선플라는 3세대 항암제로 불리는데, 1세대 항암제 시스플라틴의 부작용을 낮추고, 2세대 항암제인 카보플라틴의 낮은 항암효과를 보완하기 위해 개발됐다.

선플라는 암세포의 핵 안에 있는 DNA 이중나선구조에 백금(Pt) 원자를 중심으로 한 분자가 부착돼 DNA 복제를 방해한다. 이를 통해 암세포의 증식 및 성장을 억제한다. 선플라 개발로 항암제 전량을 수입에 의존하던 우리나라는 이전보다 싼 가격으로 국내에 항암제를 공급할 수 있었다. 선플라는 10년 이상의 연구를 거쳐 시장에 나왔다. 그러나 선플라는 이후에 효과가 뛰어나고 안전성이 우수한 항암제가 나오면서 생산이 중단됐다.

우리나라 신약 2호는 대웅제약의 당뇨성 족부궤양 치료제 '이지에프(EGF)'로 2001년 개발됐다. 상피세포의 성장인자인 이지에프 성분을 활용한 신약이다. 미국의 스탠리 코헨 박사는 세계 최초로 EGF를 발견한 공로로 1986년 노벨생리의학상을 수상했다. EGF는 어미 쥐가 새끼 쥐를 핥아주는 과정에서 상처가 치유되는 것을 보고 어미 쥐의 침에서 피부세포 증식 효과를 내는 단백질로 발견됐으며, 우리 체내에도 존재하는 것으로 밝혀졌다.

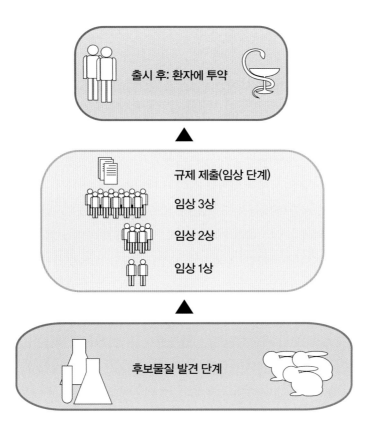

신약 개발

원료추출, 동물실험, 임상시험 등 다양한 단계를 거치며 천문학적 액수의 자금이 투자되지만, 성공률은 1만분의 1에 불과하다.

현재까지 국내에서 허가받은 신약은 총 30종류이다. 신약은 개발 과정이 긴 데다가 허가를 받기까지 원료추출, 동물실험, 임상시험 등 다양한 단계를 거치고 투자 자금도 수천억 원에서 수조 원까지 천문학적인 액수가 투입되지만, 성공률이 1만분의 1 정도로 낮다. 물론 성공한 신약은 소위 대박이 난다. '고위험, 고수익(high risk and high return)'의 대표적 사례이다. 미국식품의약국(FDA) 자료를 보면, 임상 1상(약물의 안전성 시험)부터 최종 승인 과정까지 신약이 성공할 확률은 9.6%에 불과하다.

신약 개발, 실패를 넘어서야

개발 과정에서 몰락한 신약도 부지기수이다. 최근 국내 사례 중

대표적으로 한미약품의 내성 표적 항암신약 '올무티닙(제품명 올리타)'
이 있다. 2016년 한미약품에서 폐암치료제로 개발 중이던 '올무티닙'에
대한 임상시험을 하는 과정에서 두 명의 사망자가 발생했다. 한미약품
에서는 사망자가 발생한 사실을 식약처에 알렸다고 밝혔지만, 식약처에
서 이 사실을 보고받은 뒤에도 올무티닙의 시판을 조건부로 허가하면서
46명의 환자가 추가로 이 약을 복용했다. 당시만 해도 올무티닙을 복용
하고 사망한 사례가 있다는 사실이 대중에게 공개되지 않았기 때문에
정부의 시판 허가를 두고 비판이 일었다. 게다가 올무티닙 투약환자 중
세 명에게서 중증 피부 부작용이 발생했던 것으로 알려졌다.

또한 한미약품 측에서는 2015년 독일의 베링거인겔하임 측과
8,000억 원에 달하는 기술계약을 하면서 올무티닙 개발에 매진해 왔는
데, 임상시험 중 사망자가 발생하면서 2016년 9월 베링거인겔하임으로
부터 올무티닙 기술수출 계약 해지 통지를 받았다. 문제는 이 사실을 늦
게 공시하고 미국 제넨텍과 1조 원 상당의 기술수출 계약을 맺었다는
사실만 먼저 공시했다는 점이다. 이 때문에 한미약품 측에서는 투자자
들에게 금전적 피해까지 입혔다는 비난을 받았다.

올무티닙의 개발 중단이 더욱 충격적이었던 이유는 올무티닙이
혁신 신약이었기 때문이다. 국내에서 개발된 30종의 신약 가운데 28종
은 개량형 신약이다. 개량형 신약은 이미 개발된 신약을 통해 비슷한 효
능을 만들어내는 신약을 말하고, 혁신 신약은 이전에 없던 메커니즘으
로 질환을 치료하는 신약을 말한다. 국내에서 개발이 추진된 혁신 신약
은 올무티닙과 인보사 두 종류뿐이었다. 올무티닙의 개발이 좌초되고
인보사의 성분 문제가 불거지면서 국내 혁신 신약은 모두 좌초되고 말
았다.

2019년 8월에는 신라젠이라는 코스닥 업체에서 간암 환자를 대상
으로 한 신약 항암제 '펙사벡'을 개발하다가 글로벌 임상 3상에서 유효
한 결과를 거두지 못해 개발을 접었다. FDA에서 약물 유효성을 이유로
들어 펙사벡의 간암 임상 3상 중단을 권고했기 때문이다. 9월에는 헬릭

스미스라는 업체에서 당뇨병성 신경병증 유전자치료제 후보 물질인 '엔젠시스'에 대한 글로벌 임상 3상에서 중간 결과 도출에 실패했음을 밝혔다. 임상시험 과정에서 위약군과 신약후보물질 투약군이 섞이는 오염 가능성이 드러났기 때문이다.

신약 개발은 참 어렵고 험난한 과정이다. 그래도 신약에 대한 연구개발은 지속돼야 한다는 주장이 꾸준히 제기되고 있다. 장기적으로 볼 때 제약업계에서 지속적으로 유지되기 위해서는 끊임없는 연구개발과 함께 신약 개발 실패에 관대한 사회문화가 필요하다. 신약 개발은 실패할 확률이 높지만, 일단 성공하면 제약사는 물론이고 약이 없거나 효능이 낮아 제대로 치료받지 못했던 환자들에게 큰 혜택이 돌아갈 수 있다. 신약 개발은 제약사의 이윤이라는 좁은 틀이 아니라 인류 복지를 증진하고 사회적 약자를 위할 수 있다는 큰 틀에서 접근해야 한다는 뜻이다.

더욱이 최근에는 의료 서비스 개념의 확대로 질병을 치료하는 데 그치는 것이 아니라 질병을 예방하고 관리하는 영역으로 확장되고 있다. 이에 따라 개인 맞춤형 치료약을 만들기 위한 연구개발이 치열해질 것으로 보인다.

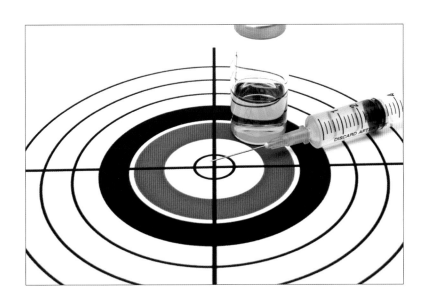

미세플라스틱의 습격

이충환

서울대 대학원에서 천문학 석사학위를 받고, 고려대 과학
기술학 협동과정에서 언론학 박사학위를 받았다. 천문학
잡지 《별과 우주》에서 기자 생활을 시작했고 동아사이언
스에서 《과학동아》, 《수학동아》 편집장을 역임했으며, 현
재는 과학 콘텐츠 기획 · 제작사 동아에스앤씨의 편집위원
으로 있다. 옮긴 책으로 『상대적으로 쉬운 상대성이론』, 『빛
의 제국』, 『보이드』, 『버드 브레인』 등이 있고 지은 책으로는
『블랙홀』, 『칼 세이건의 코스모스』, 『반짝반짝, 별 관찰 일
지』, 『재미있는 별자리와 우주 이야기』, 『재미있는 화산과
지진 이야기』, 『지구온난화 어떻게 해결할까?』, 『과학이슈
11 시리즈(공저)』 등이 있다.

미세플라스틱 얼마나 위험한가?

손가락에 묻은 미세플라스틱.
크기가 5mm 이하로 작은
플라스틱임이 실감 난다.

2019년 5월 한 사람이 매주 섭취하는 미세플라스틱의 양이 무게로 따지면 볼펜 한 자루와 맞먹는다는 연구결과가 나와 충격을 주었다. 2018년에는 세계 주요 생수에서 미세플라스틱이 검출돼 논란을 불러일으켰고, 2017년에는 국내 정수장에서 조사한 수돗물에서 미세플라스틱이 검출되기도 했다. 최근 미세플라스틱이 새로운 환경 문제로 등장하고 있다.

플라스틱도 잘 분해되지 않아 각종 환경 문제를 일으키고 있지만, 이보다 작은 미세플라스틱은 어떤 문제를 발생시킬까. 먼저 미세플라스틱이란 무엇이고 어떻게 생기는지 살펴본 뒤, 환경과 생물은 물론이고 인체에는 어떤 영향을 미치는지 자세히 알아보자.

미세플라스틱이란?

현재 미세플라스틱(microplastics)은 전 세계 해양 환경에서 중요한 문제로 부각되고 있다. 해양에서 처음으로 미세플라스틱이 발견된 시기는 1970년대이다. 당시 미국 동부 해안, 영국 남서부 해안의 수면, 해변뿐만 아니라 바닷물고기 위장에서도 수 mm 크기의 미세플라스틱이 발견된 것이다. 그 뒤 미세플라스틱은 별다른 주목을 받지 못하다가 2004년 관련 이슈가 재조명됐다. 이때 미세플라스틱의 양이 해양 환경에서 증가하고 있다는 연구결과가 《사이언스》에 발표됐기 때문이다.

미세플라스틱은 크기가 5mm 이하로 작은 플라스틱을 말한다. 형태는 조각, 알갱이, 섬유 등으로 다양하다. 생성 기원에 따라서 1차 미세플라스틱과 2차 미세플라스틱으로 구분된다. 간단히 말하면, 1차 미세플라스틱은 처음부터 작게 만든 것이고, 2차 미세플라스틱은 큰 플라스틱이 작게 쪼개지면서 생긴 것이다.

먼저 1차 미세플라스틱은 상업적 목적 때문에 인위적으로 미세하게 합성된 것이다. 예를 들어 치약, 세안제, 각질제거제 같은 생활용품에 들어가는데, 이런 미세플라스틱은 보통 알록달록한 작은 알갱이 형태의 마이크로비즈(microbeads)처럼 구형을 띤다. 미세플라스틱이 치석이나 각질을 제거하는 데 효과가 좋다고 알려지면서 치약이나 화장품에 쓰인 것이다. 미세플라스틱은 구형 이외에 조각(fragment), 섬유 등으로 형태가 다양하다.

2차 미세플라스틱은 큰 플라스틱이 파도, 해류, 바람, 산소, 자외선, 미생물 등에 의해 자연적으로 분해돼 크기가 5mm 이하로 작아진 것이다. 이 중에서 가장 큰 영향을 미치는 요인은 자외선이다. 햇빛에 노출된 플라스틱의 표면을 현미경으로 들여다보면, 원래 매끈했던 표면이 가뭄에 쪼개진 땅처럼 거칠게 갈라져 있는 모습을 확인할 수 있는데, 이렇게 갈라진 표면에서 부스러기가 떨어져 나와 미세플라스틱이 되는 것이다. 이런 미세플라스틱은 해수면을 비롯해 해수층, 해저, 북극 해

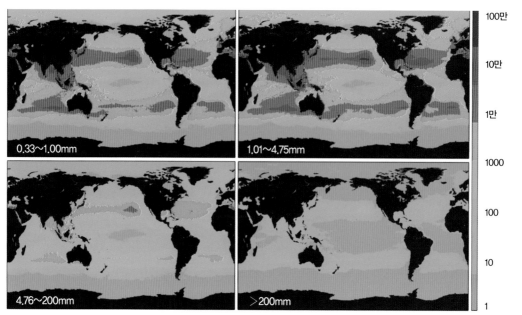

크기에 따른 플라스틱 쓰레기
분포. 크기가 0.33~1.00mm인
미세플라스틱 수가 크기가
200mm 이상인 플라스틱의
수보다 200배 이상 많다.
© PLOS ONE

개수 밀도(개/km²)

빙 등 전 세계의 모든 바다에서 발견된다.

문제는 바다에 버려진 플라스틱 쓰레기가 어마어마하게 많다는 점이다. 미국의 환경운동가이자 과학자인 마르쿠스 에릭센 박사가 수량적 이론모델에 기반을 두고 연구한 결과에 따르면, 현재 바다를 떠다니는 플라스틱 조각의 수는 5조 2500억 개에 달하고, 그 무게만도 26만 8900톤이 넘는 것으로 추정된다. 이는 해저나 해변에 버려진 플라스틱을 포함하지 않은 추정치이다. 다른 추정치는 이보다 더 많기도 하다. 바다로 유입되는 플라스틱은 여러 가지 요인에 의해 작게 조각날 수 있다. 해양에 있는 큰 플라스틱 쓰레기가 수많은 조각의 미세플라스틱으로 바뀔 수 있다는 뜻이다.

세계자연보전연맹(IUCN)에 따르면, 매년 바다에 버려지는 플라스틱 쓰레기 950만 톤 가운데 미세플라스틱이 15~31%를 차지하고 있다고 한다.

수돗물과 생수에서도 미세플라스틱 검출

지난 50년간 전 세계 플라스틱 생산량은 엄청나게 증가했다. 이에 따라 플라스틱 쓰레기도 늘어났고, 미세플라스틱의 양도 많아졌다. 흔히 미세플라스틱은 바다에서만 발견된다고 생각하기 쉬운데, 플라스틱 제품이 있는 곳이면 어디에서든 미세플라스틱이 생겨난다. 합성섬유 옷을 세탁할 때, 인조잔디(합성섬유 소재)를 밟을 때, 자동차 타이어가 굴러갈 때, 플라스틱병의 뚜껑을 딸 때에도 미세플라스틱이 떨어져 나온다. 2017년 7월 목포해양대 연구진에서 진행한 '한국의 미세플라스틱 추정 배출량' 연구에 따르면, 전국 차량 타이어에서 나오는 플라스틱 입자는 4만 9600~5만 5300톤, 국내 인조잔디 850m^{2}에서 나오는 플라스틱 입자는 3200~5400톤으로 추산된다.

합성섬유로 만들어진 옷을 세탁기에 넣고 돌리면, 매우 작은 미세섬유 형태의 미세플라스틱이 떨어져 나온다. 영국 폴리머스대 연구진에서 빨래할 때 얼마나 많은 미세섬유가 생기는지 실험했다. 즉, 아크릴 옷, 폴리에스터 옷, 폴리에스터와 순면을 섞은 옷으로 구분해 각각 6kg씩 세탁기에 넣고는 30~40°C의 물에서 빨래한 뒤 세탁기 밖으로 나온 물을 현미경으로 살펴봤다. 그 결과 아크릴 옷에서 약 73만 개, 폴리에스터 옷에서 약 50만 개, 순면을 섞은 옷에서 약 20만 개의 미세섬유가 각각 배출됐다.

전 세계 수돗물 대부분에서 미세플라스틱이 검출됐다는 조사 결과도 나왔다. 2017년 9월 미국 비영리 민간단체인 '오브 미디어(OrbMedia.org)'에서 과학자들에게 의뢰해 해외 14개국 159개 지역 수돗물 시료 가운데 83%에서 미세플라스틱을 검출했다는 조사결과를 발표했다. 국가별로는 미국과 레바논의 수돗물 샘플 중에서 각각 94%와 93.8%가 미세플라스틱에 오염된 반면, 독일, 프랑스 등 유럽 국가의 오염 비율은 72%로 가장 낮은 수준이었다. 수돗물 500mL당 미세플라스틱의 수는 지역별로 다양했는데, 평균 1.9개(유럽)에서 4.8개(미국)까

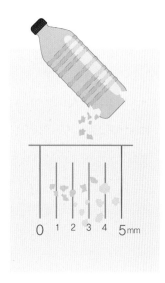

크기가 5mm 이하인
미세플라스틱은 화장품에
포함된 마이크로비즈, 옷에서
나오는 미세섬유 등으로
다양하다.

지 발견됐다.

이렇게 해외 조사결과가 나옴에 따라 환경부에서는 국내 실태를 파악하기 위해 그해 9월부터 2개월간 국내 24개 정수장의 수돗물에서 미세플라스틱을 조사했다. 그 결과 21개 정수장에서는 미세플라스틱이 검출되지 않았고, 3개 정수장에서만 미세플라스틱이 검출됐다. 구체적으로 서울 영등포, 인천 수산, 경기 용인 수지 정수장의 정수 과정을 거친 수돗물에서 1L당 각각 0.4개, 0.6개, 0.2개의 미세플라스틱이 나왔다. 전체적으로 수돗물 1L당 평균 0.05개의 미세플라스틱이 검출된 셈이다. 이는 오브 미디어의 전 세계 수돗물 조사결과(1L당 평균 4.3개)보다 낮은 수준이다.

전 세계 생수에서도 미세플라스틱이 검출됐다. 2018년 3월 미국 프레도니아 뉴욕주립대 연구진에서 생수에 함유된 미세플라스틱을 조사한 결과를 발표했다. 연구진에서는 미국, 멕시코, 브라질, 중국, 인도, 태국, 인도네시아, 케냐, 레바논 등에서 생산되는 생수 250종을 대상으로 조사를 진행했는데, 에비앙, 아쿠아피나, 네슬레퓨어라이프, 산펠레그리노 등 유명 생수를 포함한 93% 생수에서 미세플라스틱이 검출됐다. 생수 1L당 0.1mm 크기의 미세플라스틱이 평균 10.4개 발견됐다. 미세플라스틱의 종류는 폴리프로필렌, 폴리에틸렌, 폴리에틸렌 테레프탈레이트(PET), 나일론 등이었다. 연구진에서는 플라스틱이 병이나 병뚜껑에서 나온 것으로 보인다며 생산 과정에서 오염됐을 것이라고 분석했다. 이에 세계보건기구(WHO)에서는 생수 속 미세플라스틱의 잠재적 위험성에 대해 검토하겠다고 밝히기도 했다.

매주 볼펜 한 자루 분량 섭취한다?!

WHO에 따르면, 미세플라스틱은 수돗물이나 생수뿐만 아니라 소금, 설탕, 맥주, 꿀 등에서도 검출되고 있다. 그렇다면 사람이 부지불식간에 섭취하는 미세플라스틱의 양도 적지 않을 것으로 예상된다. 2019

년 6월 12일 세계자연기금(WWF)과 호주 뉴캐슬대 연구진에서 '플라스틱의 인체 섭취 평가 연구'를 수행한 결과를 발표했는데, 이를 통해 그 해답을 찾을 수 있다.

연구진에 따르면, 한 사람이 매주 섭취하는 미세플라스틱은 2000개쯤 되는 것으로 분석됐다. 이를 무게로 환산하면 5g이나 된다. 즉 1주일에 볼펜 한 자루나 신용카드 한 장을 먹고 있는 셈이다. 한 달이면 미세플라스틱 섭취량이 칫솔 한 개 분량인 21g에 달하고, 1년이면 그 섭취량이 250g을 넘어선다. 미세플라스틱은 주로 물을 통해서 먹게 된다. 물을 마실 때 1769개의 미세플라스틱을 섭취하는 것을 비롯해 갑각류에서 182개, 소금에서 11개, 맥주에서 10개의 미세플라스틱을 먹는다.

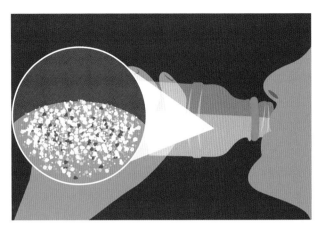

최근 연구에 따르면, 매주 볼펜 한 자루 분양의 미세플라스틱을 섭취하고 있는 것으로 나타났다. 그림은 생수를 마실 때 여기에 포함된 미세플라스틱을 함께 삼키는 장면.

삼각 티백(실크 티백)으로 우려낸 차 한 잔을 마실 때에도 수많은 미세플라스틱을 삼킬 수 있다는 연구결과도 나왔다. 2019년 9월 캐나다 맥길대 연구진에서 학술지《환경과학과 기술(Environmental Science & Technology)》에 발표한 바에 따르면, 삼각 티백 한 개로 우려낸 차 한 잔 속에 미세플라스틱이 116억 개나 들어 있었고 이보다 훨씬 작은 나노 플라스틱(크기 100nm 이하)은 31억 개가 포함돼 있었다. 이들 입자를 무게로 따져보면 약 0.016mg이다. 작은 양이라고 생각할 수 있지만, 이는 수돗물, 생수, 어패류, 소금, 맥주, 꿀 등에서 발견되는 양보다 훨씬 더 많은 것이라고 연구진에서는 설명했다. 더구나 종이로 만든 티백조차 접합용으로 소량의 플라스틱을 사용하기 때문에 티백으로 우려낸 차는 미세플라스틱으로부터 자유롭지 못하다.

소금에서도 다량의 미세플라스틱이 발견된다. 2018년 10월 인천대와 그린피스 공동 연구진에서 전 세계 36개국에서 생산되는 39가지 브랜드 소금을 분석하여 90%가 넘는 36가지 소금에서 미세플라스틱이 검출됐다는 조사결과를 국제 학술지《환경과학과 기술》에 발표했

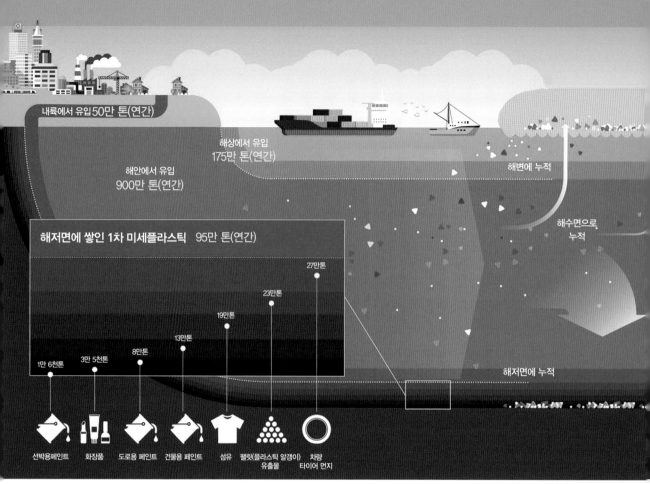

내륙에서 유입50만 톤(연간)

해상에서 유입
175만 톤(연간)

해안에서 유입
900만 톤(연간)

해변에 누적

해수면으로
누적

해저면에 쌓인 1차 미세플라스틱   95만 톤(연간)

27만톤

23만톤

19만톤

13만톤

8만톤

1만 6천톤   3만 5천톤

해저면에 누적

선박용페인트	화장품	도로용 페인트	건물용 페인트	섬유	펠릿(플라스틱 알갱이) 유출물	차량 타이어 먼지

해양 플라스틱 쓰레기의 흐름

해양으로 유입되는 플라스틱 쓰레기는 연간 1220만 톤에 달하는 것으로 추정된다. 즉 연간으로 해안에서 900만 톤, 해상에서 175만 톤, 내륙에서 50만 톤이 각각 유입되고 해저에 95만 톤이 쌓인다. 특히 해저에 쌓인 플라스틱은 1차 미세플라스틱으로 전체의 7.8%에 해당한다. 전체 해양 플라스틱 쓰레기의 5%가 해변에서, 1% 정도가 해수면에서 발견되고, 나머지 94%가 해저에 축적된다.
ⓒ Eunomia

다. 소금 1kg당 검출된 미세플라스틱의 개수를 살펴보면, 바닷소금에서 0~1674개, 암염에서 0~148개, 호수 소금에서 28~462개로 나타났다. 연구진에서는 소금에서 나온 미세플라스틱 평균 개수와 세계 평균 하루 소금 섭취량(10g)을 기준으로 따져보면 소금을 통해서 1인당 매년 2000개의 미세플라스틱을 먹고 있는 셈이라고 설명했다.

"2050년 바닷물고기보다 플라스틱이 더 많아질 것"

미세플라스틱의 93%는 처음부터 작은 크기로 생산된 것이 아니라, 원래 커다란 플라스틱 형태였다가 오랜 세월에 걸쳐 마모된 것이다. 플라스틱 쓰레기가 미세플라스틱 증가에 일조하는 셈이다. 2016년 세계경제포럼(WEF)에서 발표한 보고서에 따르면, 플라스틱 사용량이 50년 전에 비해 20배 늘어났으며, 20년 후에는 지금 수준보다 두 배 정도 증가할 것으로 예상됐다. 또한 이 보고서에서는 해마다 최소한 800만 톤의 플라스틱이 해양에 버려지고 있는데, 이 양상이 지속된다면 2050년에는 바닷물고기보다 플라스틱이 더 많아질 것이라고 경고했다.

영국의 폐기물 관련 연구·컨설팅 회사 '유노미아(Eunomia)'에 따르면, 해양으로 흘러 들어가는 플라스틱 쓰레기는 연간 1220만 톤에 달하는 것으로 추정된다. 구체적으로 해마다 내륙에서 50만 톤, 해안에서 900만 톤, 해상에서 175만 톤의 플라스틱 쓰레기가 각각 유입되고, 해저에 95만 톤이 쌓인다. 특히 해저에 쌓인 플라스틱은 차량 타이어 먼지, 펠릿(플라스틱 알갱이) 유출물, 섬유, 페인트 등에서 유래된 1차 미세플라스틱이다.

우리나라 해양은 어떨까. 해양쓰레기 통합정보시스템에 따르면, 우리 바다의 해양쓰레기는 2013년 4만 9080톤에서 2018년 12만 403톤으로 대폭 증가했다. 이 해양쓰레기의 상당 부분이 바로 플라스틱 쓰레기이다. 2015년 해양환경관리공단의 조사에 의하면, 우리나라 해양쓰레기 가운데 55.6%가 페트병, 폐어망 같은 플라스틱류라고 한다. 특히 한국해양과학기술원 남해연구소 심원준 소장은 '2019 한국생명공학연구원(KRIBB) 이슈 콘퍼런스: 미세플라스틱 연구동향'이란 발표 자리에서 낙동강에서 해양으로 유입되는 플라스틱 양이 연간 53톤이며 그 개수는 약 1조 2000억 개에 이른다고 밝혔다.

이처럼 바다로 유입된 플라스틱 쓰레기는 주로 햇빛의 자외선을 받아 점점 잘게 분해된다. 이를 통해 미세플라스틱(2차 미세플라스틱)으로 변신한다. 미세플라스틱은 해양 생물이 먹이로 오해해 먹으면 체내에 쌓여 문제를 일으킬 수 있고 먹이사슬을 거쳐 사람에게도 영향을 미칠 수 있다.

2009년 미국 미드웨이 산호섬 국립야생보호구역에서 발견된 앨버트로스 새끼 사체. 내장에 플라스틱이 가득 차 있다.
© USFWS

해변이 온통 플라스틱 쓰레기로
뒤덮여 있다.
© USFWS

미세플라스틱의 물리적 영향과 화학적 영향

플라스틱은 단순히 쓰레기로 환경을 더럽히는 문제를 넘어서 생물에 치명적인 문제를 일으킬 수 있다. 예를 들어 2009년 태평양에 있는 '미국 미드웨이 산호섬 국립야생보호구역(USFWS)'에서는 신천옹이라는 불리는 바닷새 앨버트로스의 새끼가 위장에 플라스틱 쓰레기가 가득 찬 채로 죽어서 발견된 적이 있다. 앨버트로스 어미가 플라스틱 쓰레기를 먹이로 착각해 새끼에서 먹인 결과라고 한다. 미세플라스틱 역시 해양 생물에게 먹이로 오해받을 수 있다. 미세플라스틱은 생물에 어떤 영향을 미칠까? 미세플라스틱의 영향은 크게 두 가지로 나눌 수 있다. 하나는 미세플라스틱 자체가 미치는 물리적 영향이고, 다른 하나는 미세플라스틱에 흡착된 물질에 의한 화학적 영향이다.

먼저 물리적 영향은 해양 생물이 미세플라스틱을 먹이로 오해하고 섭취해 발생한다. 미세플라스틱은 소화되지 않기 때문에 해양 생물의 위장이 팽창하는 식으로 내장 변형이 나타나고, 이는 생물의 운동성을 떨어뜨려 포식자로부터 도망치기 힘들 수도 있다. 아울러 해양 생물이 영양실조에 시달려 생육과 발달이 원활하지 않을 수 있다. 환경에서

발견되는 미세플라스틱은 구형뿐만 아니라
비정형인 조각, 섬유 등의 형태가 있다. 형태
에 따라 미세플라스틱의 물리적 영향은 서로
다르다. 특히 비정형이나 섬유 형태의 미세
플라스틱은 생물에 노출되면 형태적 특성 때
문에 기관 내벽이나 세포막을 손상시킬 수 있
다. 안전성평가연구소 연구진에서 해양 어류
양두모치의 치어를 대상으로 미세플라스틱
노출 실험을 한 결과, 구형 미세플라스틱보다

물벼룩 같은 작은 생물은
미세플라스틱을 먹이로 오인해
섭취한다. 사진은 물벼룩의 일종.
© NTNU

비정형 미세플라스틱에 노출된 경우 이동거리가 더 짧았으며 이동속도
도 더 느려졌고, 산화 스트레스와 관련된 유전자의 발현이 증가했다.

다음으로 미세플라스틱의 화학적 영향을 살펴보자. 미세플라스틱
에는 각종 첨가제가 포함돼 있다. 첨가제는 플라스틱의 성형을 쉽게 하
거나 기능성을 높이기 위해 넣는 다양한 화학물질이다. 플라스틱을 이
루는 폴리머(고분자 화합물)의 기본 골격 사이에 가소제, 난연제, 산화
방지제, 열·자외선 안정제 등 다양한 첨가제를 혼합한다. 플라스틱 제
품을 사용하거나 분해하는 과정에서 이런 첨가제가 빠져나올 수 있다.
예를 들어 플라스틱의 유연성을 높이기 위해 쓰는 가소제 가운데 프탈
레이트는 대표적인 발암물질로 알려져 문제가 될 수 있다.

플라스틱은 석유에서 얻은 탄화수소를 기초로 만들어진 고분자
화합물이라서 물에 잘 녹지 않고 기름과 친하다. 이를 소수성(疏水性)
또는 친유성(親油性)을 보인다고 말한다. 이런 특성 때문에 플라스틱
은 소수성이 강한 잔류성유기오염물질(Persistent Organic Pollutants,
POPs)을 끌어당긴다. 즉, 플라스틱 입자에는 잔류성유기오염물질이 고
농도로 축적된다. 특히, 미세플라스틱은 큰 플라스틱보다 단위 질량당
표면적이 넓기 때문에 잔류성유기오염물질이 더 많이 달라붙을 수 있
다. 만일 해양 생물이 첨가제나 흡착성 오염물질을 포함한 미세플라스
틱을 섭취하면 어떻게 될까. 미세플라스틱으로부터 이런 화학물질을 흡

수해 이차적 영향을 받을 수 있다. 즉, 미세플라스틱에 들어 있거나 붙어 있는 물질이 독성물질로 작용할 수 있다는 뜻이다. 2010년대에 들어 미세플라스틱이 독성물질을 전달할 수 있고 생물의 생리적 기능에도 영향을 미칠 수 있다는 연구논문이 몇 편 발표되기도 했다. 하지만 아직까지는 실험실에서 확인한 수준이라 앞으로 실제 환경에서 미세플라스틱의 영향을 밝혀야 한다.

미세플라스틱 섭취와 생물 농축

안전성평가연구소의 양두모치 사육시설. 연구소에서는 양두모치의 치어를 대상으로 미세플라스틱 노출실험을 진행하고 있다.
© 이충환

미세플라스틱의 섭취가 미치는 영향은 해양 생물의 종이나 성장 단계별로 다르다. 알이나 새끼처럼 어린 생물은 성숙한 생물보다 미세플라스틱에 취약했다. 예를 들어 민물농어 새끼를 연구한 결과를 살펴보면, 미세플라스틱이 먹이 활동, 포식자 위협에 대처하는 방식 등에 영향을 가하는 것으로 드러났다. 또한 새우 축소판처럼 생긴 플랑크톤인 요각류 '칼라누스 헬고란디쿠스(*Calanus Helgolandicus*)'에게 미세플라스틱을 먹인 결과, 먹이 활동이 둔화되고 영양 부족이 발생하며 산란하는 알의 숫자도 감소했다.

최근 연구에 따르면, 갓 태어난 물고기가 모이는 해안의 띠 모양 수역에 먹이인 플랑크톤과 함께 미세플라스틱도 몰려드는 것으로 밝혀졌다. 2019년 미국 국립해양대기국(NOAA) 연구진에서 하와이 서쪽 연안을 조사한 결과 이런 사실이 드러났다고 11월 13일 자《미국립과학원회보(PNAS)》에 발표했다. 연구진에서는 대부분의 바닷물고기는 얕은 바다 표면에서 깨어나 며칠이나 몇 주 동안 성장한 뒤 자신의 서식지로 이동하는데, 치어의 첫 양육장이 전 세계 해안에 띠 모양으로 분포하는 잔잔한 수역, 즉 '표층 슬릭(slick)'이라는 사실을 알아냈다. 특히 이 수

식물플랑크톤
동물플랑크톤
미세플라스틱
치어

최근 연구에 따르면, 해안에 띠 모양으로 자리하는 수역(표층 슬릭)에 주변 바다보다 플랑크톤, 치어뿐만 아니라 미세플라스틱도 많이 분포하는 것으로 나타났다.
© PNAS

역에는 주변 바다보다 식물플랑크톤은 1.7배, 동물플랑크톤이 3.7배나 많아 치어가 1.8배 더 많았으며, 플라스틱도 바다 표면에서보다 128배나 많았다. 플라스틱의 크기는 대부분 1mm 미만으로, 어린 물고기가 선호하는 먹이 크기와 같았다. 실제로 10%에 가까운 물고기의 뱃속에서 미세플라스틱이 검출됐다. 이는 주변 바다보다 2.3배나 높은 비율이다.

사실 플라스틱은 플랑크톤에서부터 고래까지 모든 생물이 섭취하고 있다. 이 때문에 소화 불량, 식욕 감퇴 및 굶주림, 질식, 내부 장기 손상 등이 발생할 수 있다. 실제 해마다 수백만 마리의 바닷새, 어류, 바다거북, 해양 포유류가 플라스틱을 먹고 소화 장애로 죽어가고 있다. 최근의 한 연구에 따르면, 북태평양 아열대 순환계에서 단일 어류종이 1만 2000~2만 4000톤의 플라스틱을 섭취하고 있는 것으로 파악되었다. 물론 미세플라스틱은 더 많은 생물이 더 많은 양을 섭취할 수 있다.

미세플라스틱은 물고기에서 조개, 갯지렁이, 플랑크톤까지 해양 생태계 전체에 영향을 끼친다. 예를 들어 작은 플랑크톤이 미세플라스틱을 먹이로 오인해 섭취하면, 미세플라스틱은 소화되지 않고 체내에 남는다. 이 플랑크톤을 작은 물고기가 잡아먹고, 작은 물고기를 큰 물고

미세플라스틱 오염과 생물 농축

바다에 버려진 플라스틱 쓰레기(❶)가 해류, 자외선 등의 영향을 받아 잘게 쪼개져 미세플라스틱이 발생한다(❷). 이를 먹이로 오인해 작은 물고기가 먹고(❸) 큰 물고기가 이 물고기를 잡아먹은 뒤(❹) 어망에 잡혀(❺) 우리 식탁에 오를 수 있다(❻). 이렇게 미세플라스틱은 먹이사슬을 따라 상위 포식자에 쌓이는 과정(생물 농축)을 거친다.

기가 잡아먹는다. 미세플라스틱은 물고기 몸속에 쌓여서 빠져나가지 못하므로, 먹이사슬 과정을 거쳐 인체에 유입될 가능성이 커진다. 이렇게 미세플라스틱이 먹이사슬을 따라 상위 포식자에 쌓이는 과정을 '생물 농축(biomagnification)'이라고 한다.

생물 농축은 미세플라스틱의 위험성을 단적으로 보여주는 것이다. 미세플라스틱은 해양 생태계에서 먹이사슬의 맨 아래에 있는 플랑크톤의 성장과 발생에 영향을 미치므로 해양 생태계 전반에 걸쳐 영향을 끼칠 수 있다. 결국 먹이사슬의 최상위 포식자인 인간도 미세플라스틱의 영향에서 벗어날 수 없다는 뜻이다.

미세플라스틱의 인체 위해성은?

동물 실험 사례를 살펴보면 미세플라스틱을 섭취한 해양 생물은 성장 속도가 느려지거나 생식 능력에 문제가 생긴다. 플라스틱에서 나오는 발암물질에 노출되면 정자 수가 줄어들거나 자폐증 같은 질병, 이상 행동 등이 나타날 수 있다는 연구도 있다. 2016년 미국 조지아공대 연구진에서 《사이언스》에 발표한 논문에 따르면, 미세플라스틱을 먹은 치어는 성장이 더뎌질 뿐만 아니라 뇌 손상도 나타나 포식자를 만나도 제대로 피하지 못한다. 2019년 9월 삼각 티백에서 수많은 미세플라스틱이 나온다는 사실을 발견한 캐나다 맥길대 연구진에서는 티백에서 나온 플라스틱 입자의 위해성을 평가하기 위해 분량을 달리해서 물벼룩(*Daphnia magna*)이 사는 수조에 넣고 분석한 결과, 물벼룩이 죽지는 않았지만 등껍질이 풍선처럼 부푸는 식의 변형이 드러났고 일부 이상

행동을 보이는 것으로 나타났다.

미세플라스틱의 인체 위해성은 아직 명확하게 규명되지 않았다. 세계보건기구에서는 미세플라스틱의 인체 위해성에 관한 연구가 부족해 앞으로 더 많은 연구가 필요하다고 보고 있다. 현재 상태에서는 생물 농축 등에 의해 인체 영향을 추정할 수 있을 뿐이다. 해양 생물이 먹은 미세플라스틱은 주로 위장 기관에 축적되는 것으로 알려져 있어 사람도 미세플라스틱에 직접 노출될 수 있다. 예를 들어 조개류, 새우나 게 등을 요리해서 먹을 때 미세플라스틱을 섭취할 가능성이 높다. 특히 새우나 게는 위장 기관을 따로 제거하지 않고 요리하므로 미세플라스틱 섭취 가능성이 더 높다.

유럽에서는 굴, 홍합 같은 해산물을 통해 하루에 1~30개가량의 미세플라스틱을 섭취한다고 추정된다. 연간으로는 해산물을 통해 최대 1만 1000개가량의 미세플라스틱을 먹는 셈이다. 물론 우리나라도 안전지대는 아니다. 2015년 한국해양과학기술원에서 전국 해안 12곳에서 미세플라스틱 오염도를 조사한 바에 따르면, 경남 거제 앞바다에는 $1m^2$당 미세플라스틱이 평균 21만 개나 함유돼 있었다. 이는 해외 평균보다 여덟 배 이상 높은 수치이다. 이듬해에는 경남 거제·진해 연안 갯벌에서 자연산 굴, 담치, 무늬발게, 지렁이 같은 해양 생물 4종의 내장, 배설물 등을 분석한 결과, 조사 대상의 97%에서 미세플라스틱이 검출됐다.

포유류의 경우 크기가 150μm가 넘는 미세플라스틱은 체내에 흡수되지 않고 체외로 배출되며, 크기가 150μm가 안 되는 입자의 체내 흡수율은 0.3% 이하로 추정된다. 미세플라스틱은 소화관 내벽의 상피세포를 통과하기 힘들지만, 림프계로 이동할 수 있다. 림프계에 존재하는 크기 0.2μm 이상의 입자는 비장에서 여과작용으로 제거되고 최종적으로 소변이나 대변을 통해 빠져나갈 것으로 예측된다.

일부에서는 미세플라스틱에 달라붙은 잔류성유기오염물질(POPs)의 인체 위해성을 검토하고 있다. 사람이 미세플라스틱이 함유된 해산물을 섭취할 때 노출되는 잔류성유기오염물질의 양은 전체 노출량의 0.1%도 안 될 것으로 평가된다. 이는 성인이 홍합을 하루에 225g을 먹되 거기에 평균 지름 25μm의 미세플라스틱이 900개 이상 포함돼 있다는 최악의 상황을 가정했을 때 예상되는 수치라고 한다.

인체 위해성을 밝히려는 연구 더 필요해

전문가들에 따르면, 미세플라스틱의 영향은 크게 세 가지로 나눌 수 있다. 미세플라스틱 자체의 위험성, 가소제처럼 미세플라스틱에 포함된 물질의 특성에 따른 위험성, 미세플라스틱이 환경 중 유해화합물질을 전달할 위험성이 바로 그것이다. 어류를 대상으로 미세플라스틱의 독성을 시험한 일부 전문가는 해양 생물에서 미세플라스틱 섭취는 죽고 사는 문제가 아니라고 보기도 한다. 즉, 미세플라스틱이 체내에 오래 머물지 않을 것이며 그 영향도 크지 않을 것이라는 입장이다. 물론 이를 확인할 만한 데이터는 아직까지 부족하다고 한다. 미세플라스틱의 독성을 평가하는 연구가 더 필요한 셈이다.

해양 생물에 대한 미세플라스틱의 영향은 분자 수준, 개체 수준, 군집 수준에서 연구되고 있다. 예를 들어 분자 수준의 영향은 활성산소 생성, 유전자 발현, 효소 활성 등과 관련되는 것이며, 개체 수준의 영향은 치사, 이상 증상, 유영 영향, 체내 분포 등에 대한 것이다. 구체적으로는 개체 수준에서 산화 스트레스 때문에 행동이 느려진다면 천적에 의해 잡아먹히기 쉽고, 성호르몬이 줄어든다면 생식활동이 안 될 것이기 때문에 군집이 작아질 것으로 예측할 수 있다.

미세플라스틱의 인체 위해성에 관해서는 현재 미세플라스틱의 노출 경로도 충분히 이해하지 못하고 있으며, 미세플라스틱의 정확한 독성 자료도 부족하다. 위해성은 유해성(독성)의 크기와 물질에 대한 노출량을 감안해 평가한다. 전문가들에 따르면, 인체 위해성을 평가하기 위해서는 인체 위해에 대해 직접적인 해석을 하기 쉬운 포유류 대상의 연구가 필요하다. 예를 들어 미세플라스틱에 노출된 조개를 쥐에게 먹이면 어떤 일이 나타날지를 조사해 독성을 예측할 필요가 있다.

현재 국내에서 미세플라스틱에 대한 연구는 안전성평가연구소, 한국해양과학기술원, 인천대, 서울시립대 등을 중심으로 진행되고 있다. 특히 안전성평가연구소에서는 미세플라스틱의 어류 급성·만성 독성을 평가하기 위한 표준시험법을 확립했고 이를 위한 기반 기술(미세플라스틱 분산방법)도 마련했으며, 미세플라스틱이 형태별로 해양 어류에 미치는 영향도 평가한 바 있다. 앞으로 해양 생물을 대상으로 미세플라스틱이 얼마나 빨리 체내에 유입되고 빠져나가는지 실험으로 살펴보는 한편, 미세플라스틱에 의해 어류의 생식호르몬이 어떻게 변화하는지에 주목해 연구할 것이다.

미세플라스틱을 없애려는 과학적 노력

일부 과학자들은 미세플라스틱을 없애기 위해 다양한 방법을 연구하고 있다. 2017년 10월 핀란드 알토대 환경공학과 율리아 탈비티에 교수 연구진에서는 '막생물반응기(MBR)'를 이용하면 미세플라스틱을 최대 99.9%까지 제거할 수 있는 것으로 확인했다고 국제 저널 《워터리서치(Water Research)》에 발표했다. MBR는 미생물 등을 활용하는 생물학적 폐수처리 장비다. 이와 관련해 2018년 8월 영국 포츠머스대 존 맥기핸 교수 연구팀에서는 플라스틱 일종인 폴리에틸렌 테레프탈레이트(PET)의 분해 능력을 이전보다 20% 이상 높인 새로운 효소를 개발했다고 《미국립과학원회보(PNAS)》에 발표하기도 했다.

또한 영국 서리대 연구진에서는 고주파 전기로 열을 발생시켜 흩어져 있는 미세플라스틱 입자를 모아 응고한 뒤 걸러내는 '전기응고법'을 제시했다. 영국 플리머스해양연구소에서는 물에서 미세플라스틱을 최대 95.8%까지 추출해낼 수 있는 휴대용 키트를 선보이기도 했다. 이는 고농도 염화아연 용액이 든 통에 미세플라스틱이 포함된 물을 넣고

미국 조지아공대 칼슨 메러디스 교수 연구진에서 개발한 '생분해성 플라스틱 필름'. 셀룰로오스와 키틴 성분을 이용해 만들었다.
© Allison Carter/Georgia Tech

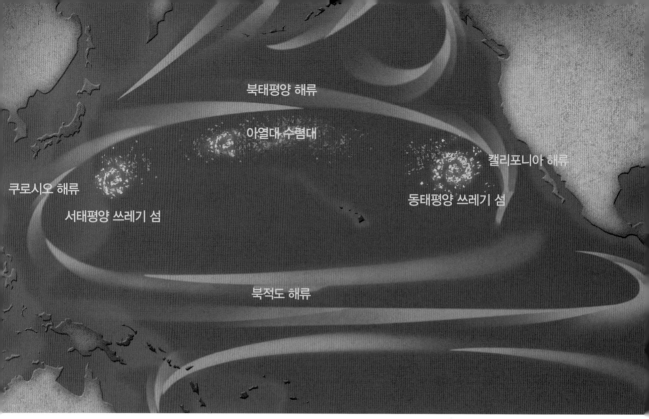

북태평양 해류

아열대 수렴대

캘리포니아 해류

쿠로시오 해류

서태평양 쓰레기 섬

동태평양 쓰레기 섬

북적도 해류

북태평양에는 한반도보다 더 큰 쓰레기 섬이 세 개나 있다. 즉 서태평양 쓰레기 섬, 동태평양 쓰레기 섬, 아열대 수렴대가 그것이다.
© NOAA

돌리면 가벼운 미세플라스틱은 위로 떠오르는 반면 상대적으로 무거운 모래 같은 입자는 아래로 가라앉는 원리로 작동한다.

생분해성 플라스틱과 바이오 플라스틱(옥수수, 사탕수수, 대나무 같은 바이오매스를 주원료로 하는 플라스틱)도 기존 플라스틱의 대안으로 주목받고 있다. 이런 플라스틱은 햇빛, 열, 미생물, 효소, 화학 반응 등의 복합적인 작용으로 기존 플라스틱보다 훨씬 더 빠르게 분해된다. 미국 조지아공대 칼슨 메러디스 교수 연구진에서는 식물 섬유질에서 추출한 셀룰로오스와 게, 새우 껍질 등에서 추출할 수 있는 키틴 성분을 이용해 투명한 '생분해성 플라스틱 필름(BPF)'을 개발하기도 했다. 이는 일반 비닐 소재의 포장용 랩 대신 쓸 수 있다고 한다. 또한 한국기계연구원 나노자연모사연구실 임현의 연구팀에서는 생분해성 키토산을 이용한 나노입자 코팅 공정으로 자기세정과 반사방지 기능을 갖는 유리를 제작하기도 했다. 기존 나노 가공 공정에 사용된 폴리스틸렌은 환경 호르몬이 나오고 다량의 미세플라스틱을 발생시켜 문제였는데, 이런 문제점을 극복하는 연구성과인 셈이다.

'플라스틱 발자국'을 줄이자!

현재로서는 미세플라스틱이 일으키는 문제를 해결하려면 플라스틱 제품의 사용을 줄이는 것이 최선이다. 플라스틱 쓰레기는 해가 갈수록 늘어나고 있어 큰 문제가 되고 있다. 미국 국립해양대기국(NOAA)에 따르면, 북태평양에 넓이가 한반도의 일곱 배에 달하는 쓰레기 섬이 있다. 이곳에 7만 9000톤의 쓰레기가 있는데, 그중 99%가 플라스틱 쓰레기라고 하며, 1조 8000억 개의 쓰레기 가운데 94%가 미세플라스틱이라고 한다. 플라스틱 제품은 아무리 재활용한다고 하더라도 제품의 수명이 짧아 한번 쓰고 나면 쓰레기가 된다. 게다가 자연에서 분해되는 데 수백 년이 걸린다. 예를 들어 페트병은 450년이나 지나야 자연히 분해된다. 많은 전문가는 미세플라스틱을 줄이는 가장 효과적인 방법은 플라스틱 제품을 사용하지 않는 것이라고 입을 모은다.

2012년 유엔환경계획에서는 탄소 발자국과 비슷한 개념으로 '플라스틱 발자국'을 제안했다. 탄소 발자국이 상품을 생산하고 사용하고 폐기하는 과정에서 발생하는 이산화탄소의 총량을 표시하는 것처럼 플라스틱 발자국 역시 제품에 사용된 플라스틱의 양을 나타내는 것이다. 보통 제품에 표시된 탄소 발자국을 살펴보고 이산화탄소를 적게 발생시킨 것을 선택하듯이, 할 수 있으면 플라스틱을 적게 사용한 제품을 선호할 수 있다. 이를 통해 전체적으로 플라스틱 사용량을 줄이는 데 힘을 모을 수 있다. 현재 유럽연합 차원에서는 일회용 플라스틱 금지 정책을 펴고 있으며, 미국, 영국, 프랑스, 중국 등 세계 여러 나라에서 미세플라스틱 사용을 법으로 금지하고 있다. 우리나라 정부에서도 미세플라스틱을 줄이기 위해 나서고 있다. 2019년 11월 환경부에서는 미세플라스틱의 일종인 마이크로비즈를 2021년부터 화장품, 세정제, 연마제 등에 사용할 수 없도록 하는 내용을 담은 '안전확인 대상 생활화학제품 지정 및 안전·표시 기준 개정안'을 공개했다.

현재 유럽연합 차원에서는 각종 일회용 플라스틱의 사용을 금지하는 정책을 펼치고 있다.

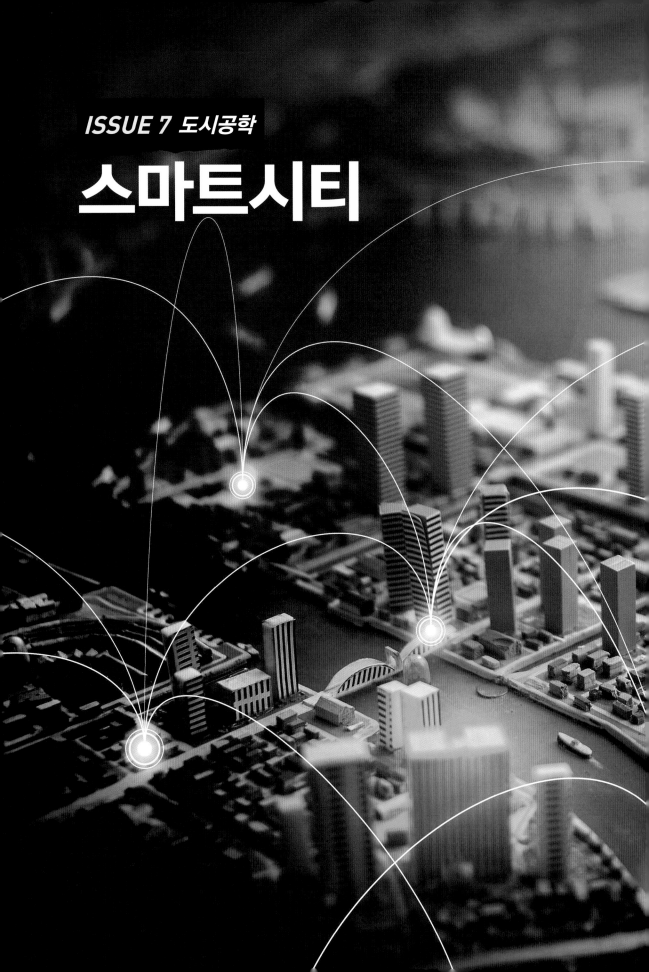

스마트시티

박응서

고려대 화학과를 졸업하고, 과학기술학 협동과정에서 언론학 석사학위를 받았다. 동아일보 《과학동아》에서 기자 생활을 시작했고, 동아사이언스에서 eBiz팀과 온라인뉴스팀에서 팀장을, 《수학동아》, 《어린이과학동아》 부편집장을 역임했으며, 현재는 머니투데이방송 테크M에서 부장으로 있다. 지은 책으로는 『테크놀로지의 비밀찾기(공저)』, 『기초기술연구회 10년사(공저)』, 『지역 경쟁력의 씨앗을 만드는 일곱 빛깔 무지개(공저)』, 『차세대 핵심인력양성을 위한 정보통신(공저)』, 『과학이슈11 시리즈(공저)』 등이 있다.

4차 산업혁명 기술로 만드는, 모두가 행복한 도시

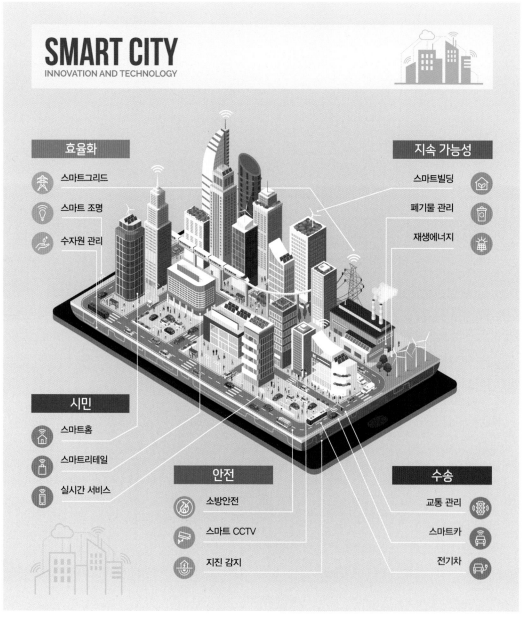

스마트시티는 다양한 첨단기술로 교통, 환경, 에너지 등에 관련된 도시 문제를 해결하고 효율적으로 기능하는 도시를 말한다.

세계는 오래전부터 도시를 중심으로 성장하며 발전하고 있다. 현재 각 나라에서는 도시를 가장 강력한 경제 도구로 활용하고 있다. 서울을 비롯한 세계 55개 도시에 거주하는 사람들은 세계 인구에서 7%에 불과하다. 하지만 이들 도시에서 생산하는 경제생산량은 세계 전체에서 약 3분의 2를 차지한다. 경제생산량은 머지않아 80%를 넘을 전망이다. 도시가 세계 경제생산량을 독차지할 수 있는 비결은 무엇일까. 전문가들은 효율화를 꼽는다. 도시는 공간을 압축해 사람들의 시간을 절약해 준다. 이렇게 효율화된 공간과 시간 속에서 사람들은 더 많은 일을 할 수 있다. 이 때문에 꿈꾸는 젊은 사람들이 도시로 모여든다. 결국 도시는 일자리와 부, 아이디어를 창출하는 공간으로 거듭난다.

1900년에는 도시에 2억 명이 살았다. 당시 세계 인구의 8분의 1에 해당한다. 그런데 지금은 35억 명으로 세계 인구의 절반에 이르는 사람들이 도시에 거주한다. 국제연합(UN)에서는 2050년에 도시 인구가 65억 명까지 늘어날 것으로 전망했다. 하지만 도시에 대한 과도한 집중은 세계에 새로운 과제도 안겨주고 있다. 현재 세계는 엄청난 대기오염과 교통난, 주택난, 환경폐기물 같은 다양한 도시 문제에 봉착해 있다.

현대 도시가 지닌 문제를 해결하는 방법은 여러 가지이다. 단적으로 도시 팽창을 줄이고, 농촌과 같이 자연을 중심으로 한 구조로 돌아가는 방법도 있다. 하지만 도시에 익숙한 사람들은 도시가 가진 편리함과 경제성장 같은 장점을 포기하지 못한다. 결국 전문가들은 정보통신기술(ICT)을 주로 활용해 도시를 한 단계 업그레이드하는 방향으로 도시 문제 해결에 나섰다. 이런 배경에서 등장한 것이 바로 스마트시티(smart city)다. 최근 세계 각국의 주요 도시에서 스마트시티 구축에 적극적으로 나서고 있다. 국내의 경우 2018년 정부 주도로 스마트시티 국가 시범도시 사업을 시작해 2019년에는 지자체와 민간으로 확대했다. 앞으로 더 다양한 프로젝트가 추진될 예정이다. 그런데 왜 2020년을 앞둔 시점에 스마트시티가 이슈로 등장한 것일까. 이에 대한 답을 찾기 위해서는 스마트시티에 대한 개념을 먼저 살펴볼 필요가 있다.

도시 문제를 해결하고 성장 동력을 확보한다

스마트시티는 인공지능(AI)과 사물인터넷(IoT), 가상현실(VR), 자율주행차 같은 4차 산업혁명 기술과 최첨단 기술, 정보통신기술(ICT)을 활용해 행정과 교통, 환경, 에너지, 주거, 시설, 의료, 교육 등의 분야에서 현대 도시의 복합적인 문제를 해결하고, 효율적으로 기능하는 도시를 꿈꾼다. 실시간으로 교통정보를 제공해 이동 시간을 줄이고, IoT를 활용한 원격 처리로 근무자 활동 거리와 시간을 줄여, 이산화탄소 배출량까지 줄여준다. 이를 통해 도시에 사는 시민들이 편리하고 쾌적한 삶을 누릴 수 있도록 돕는다. 특히 세계 각국에서는 스마트시티가 도시 문제를 해결할 뿐만 아니라 4차 산업혁명 기술을 통해 새로운 성장 동력을 창출할 수도 있다는 사실에 주목하고 있다.

우리나라에서는 8대 핵심선도사업으로 선정해, 스마트시티 구축에 박차를 가하고 있다. 2018년 스마트시티 신규개발 유형인 '국가 시범도시'로 부산 에코델타시티와 세종시의 5-1 생활권을 선정했다. 두 곳 모두 2021년 말 주민 입주를 시작할 계획이다. 2019년에는 정부에서 '스마트시티 챌린지 공모'를 실시해 광주와 인천, 대전, 경기 수원과 부천, 경남 창원 등 여섯 곳의 제안을 시범사업으로 최종 선정했다. 이 사업은 국가 시범도시 사업과 달리 지역 주민과 민간 주도로 추진되고 있다.

1990년대부터 세계 주요 도시에서는 다양한 이름으로 도시 문제를 해결하고자 '스마트시티' 구축에 나서고 있다. 1993년 네덜란드 암스테르담에서 디지털시티를, 1996년 핀란드 헬싱키에서 아레나2000을, 1998년 일본 교토에서 디지털시티를 각각 내세웠다. 당시에는 '스마트시티'라는 용어 대신, 더 나은 도시라는 개념으로 미래도시, 디지털시티처럼 다른 이름을 사용했다. 하지만 지향점은 같았다. 모두가 도시 문제를 해결하고 도시 성장을 계속 이어갈 수 있는 '더 나은 도시', '생각하는 도시'를 목표로 했다. 현재 개발도상국에서는 스마트시티를 근대화된

주요 스마트시티 정의

주요 기관	내용
유럽 연합 (EU)	디지털 기술을 활용해 시민에게 더 나은 공공서비스를 제공하고, 자원을 효율적으로 사용하며, 환경에 미치는 영향을 최소화해 시민 삶의 질을 개선하고 도시의 지속가능성을 높이는 도시
일본 경제산업성	에너지의 효율적인 사용, 열과 미사용 에너지원의 이용, 교통시스템 개선 등을 통해 시민 삶의 질을 개선하고자 다양한 차세대 기술과 선진 사회 시스템이 효과적으로 통합되고 활용되는 도시
중국	IoT, 클라우드 컴퓨팅, 빅데이터 같은 차세대 정보기술을 활용해 스마트한 도시계획, 건설, 관리와 서비스를 제공하는 도시
정보통신산업진흥원 (NIPA)	정보통신기술(ICT)을 통해 도시 거주자 삶의 질과 도시경쟁력이 향상되는 더 친환경적이고 지속가능한 도시
IBM	도시를 운용하기 위해서 핵심적인 시스템의 열쇠가 되는 정보를 ICT를 이용해 수집하고 분석하며 통합할 수 있는 도시
CISCO	ICT를 이용해 도시의 문제를 해결하고 효율성과 안정성을 높여 시민 삶의 질을 향상시키는 신개념 도시
ITU	생활의 질, 도시운영과 서비스의 효율성, 도시경쟁력을 개선하는 동시에 경제·사회적, 환경적 측면에서 현재와 미래 세대의 필요를 충족시키기 위해 ICT를 비롯한 수단을 활용하는 혁신도시
네이버 지식백과	첨단 ICT를 이용해 도시 생활 속에서 유발되는 교통 문제, 환경 문제, 주거 문제, 시설 비효율 등을 해결함으로써 시민들이 편리하고 쾌적한 삶을 누릴 수 있도록 한 '똑똑한 도시'
위키피디아	다양한 유형의 전자 센서로 각종 데이터를 수집해 자산과 자원을 효율적으로 관리하는 데 필요한 정보를 제공하는 도시 지역

© KISTEP(2018), 「스마트시티 기술동향브리프 보고서」 등

도시나 선진국 수준의 도시 인프라를 갖춘 도시로, 선진국에서는 미래형 도시로 이해하고 추진하고 있다.

미국의 도시계획 전문가 앤서니 타운센드 박사는 자신의 저서 『스마트시티 더 나은 도시를 만들다』에서 정보기술이 도시의 인프라나 건축물, 일상용품, 심지어 우리 몸과 결합해 사회적·경제적·환경적 문제를 해결해 나가는 장소를 스마트시티라고 정의했다. 하지만 스마트시티에 대한 기준과 정의가 다양해 명확하게 규정하기가 쉽지 않다. 실제로 스마트시티는 이를 추진하고 해석하는 나라와 기관마다 달라서 정의가 100개가 넘을 정도로 다양하다.

2014년 국제전기통신연합(ITU)에서는 '스마트시티(smart sustainable cities)'에 대한 개념을 조사해 정의가 116개나 된다는 사실을 확인했다. 그리고 이 조사를 토대로 ITU는 스마트시티를 '생활의 질, 도시운영과 서비스의 효율성, 도시경쟁력을 개선하는 동시에 경제·사회적, 환경적 측면에서 현재와 미래 세대의 필요를 충족시키기 위해 ICT를 비롯한 수단을 활용하는 혁신도시'라고 정의했다. 이 같은 ITU

정의는 현재 스마트시티에 대한 보편적인 개념으로 활용되고 있다.

이를 참고하면 ICT로 도시 문제를 해결해 더 효율적으로 바꾼 도시를 스마트시티로 볼 수 있다. 즉 ICT로 도시 문제를 해결하겠다고 시도하는 다양한 도시 개발 모델은 모두 스마트시티로 볼 수 있는 셈이다. 2000년대 국내에서 ICT를 활용해 추진한 유비쿼터스도시인 유시티(U-City) 프로젝트도 대표적인 스마트시티 프로젝트이다. 이처럼 스마트시티는 최근에 시작된 것이 아니라, 앞에서 예시를 든 암스테르담처럼 1990년대부터 본격적으로 추진돼 짧게는 수년, 길게는 수십 년 이상 오랫동안 이어지고 있다.

런던, 오래된 도시를 스마트도시로 바꾼다

세계 주요 도시에서 만들어가고 있는 스마트시티는 어떤 모습일까. 각 도시에서는 어떤 첨단기술과 도시 문제 해결 방법을 적용하면서 새로운 도시를 준비하고 있을까. 영국 런던, 네덜란드 암스테르담, 미국 뉴욕, 싱가포르, 중국 항저우 등 주요 도시에서 추진하고 있는 스마트시티를 살펴보자. 영국 런던은 2019년 유럽 도시를 대상으로 한 스마트시트 순위에서 1위를 차지했다. 스페인 나바라대 경영대학원 IESE 비즈니스 스쿨에서는 해마다 세계 도시를 평가해 스마트시티 순위를 발표하고 있다. 2019년 유럽 도시 대상 발표에서는 런던 1위, 파리 2위, 암스테르담 3위, 헬싱키 9위였다. 평가는 경제, 환경, 거버넌스, 인적자원, 규제, 이동성과 교통, 공공관리, 사회적 응집력, 기술, 도시계획 등 열 가지 항목에 따라 분석하고 지수화해 이뤄졌다.

런던에서는 우수한 인적자원을 기반으로 한 '스마터 런던 투게더(Smarter London Together)' 전략을 통해 좋은 성과를 내고 있다. 스마터 런던 투게더는 사디크 칸 런던 시장이 런던을 세계에서 가장 스마트한 도시로 만들기 위해 발표한 로드맵이다. 사용자 중심의 서비스 디자인, 도시 데이터의 새로운 활용법, 세계적 수준의 연결성과 스마트 도로, 디지털 리더십과 기술 향상, 도시 전반의 협력 강화 등 다섯 가지 주요 미션을 추진하고 있다. 특히 런던시청과 구청, 공공기관, 대학, 산업커뮤니티가 데이터 공유와 협력을 강화하고자 '런던 데이터 분석' 프로그램을 활용하고 있다.

런던은 900만 명이 넘는 시민이 거주하는 글로벌 도시이자 오래전부터 이어온 전통 도시이지만, 도시 성장과 함께 많은 문제에 봉착해 있다. 대표적인 문제가 주택난과 교통난이다. 런던시에서 작성한 '스마트 런던 플랜'에 따르면, 런던 인구는 2030년까지 1000만 명으로 늘어날 예정이다. 이에 따라 주택 80만 채와 일자리 64만 개가 필요해지

영국 런던의 스마트 주차 시스템.
© smartparking.com

고, 런던 시민은 매년 평균 70시간 이상을 교통 정체로 불편을 겪어야 할 것으로 분석됐다. 런던에서는 이런 문제를 스마트시티로 풀어가고 있다. 런던은 오래된 도시가 많은 선진국을 비롯한 주요 대도시에서 주목하는 스마트시티 사례이다.

런던은 전통 도시답게 전통 있는 건물이나 거리가 많다. 그렇다 보니 기존 건물을 헐어 도로를 확장하는 계획을 추진하기가 쉽지 않다. 이런 이유로 런던에서는 교통 문제를 해결하는 데 도로 확장 대신 '빅데이터'를 활용한다. 예를 들면 도시 곳곳에 센서와 카메라를 설치해 실시간으로 도로 교통 정보를 수집하고, 이 정보를 도로 관리 시스템과 차량 이용자에게 전달해, 교통 정체를 피할 수 있게 돕는다. 또한 '스마트 주차(Smart Parking)' 시스템도 운영한다. 런던 시내는 오래된 건물과 유적지로 매우 복잡하고 주차 공간이 부족하다. 주차장에서도 실제 빈 공간이 있는지, 주차 차량이 언제 나가는지 알 수가 없다. 하지만 지금은 스마트 주차 시스템으로 주변에서 주차장을 쉽고 빠르게 찾을 수 있으며, 도로에 매설된 스마트 아이 센서가 주차 가능 유무와 공간 크기, 사용 시간을 스마트 주차 시스템으로 전송한다. 사용자는 이 정보를 스마

트폰 앱으로 확인해, 원하는 곳에 빠르게 주차할 수 있다. 특히 빅데이터를 활용한 예측 시스템으로 주차 수요를 판단하고, 주차 예약 서비스를 제공한다.

암스테르담, 시민이 주도하는 첨단 도시

스마트시티 사례를 말할 때마다 빠지지 않고 언급되는 도시가 바로 네덜란드 암스테르담이다. 암스테르담이 세계로부터 주목을 끄는 이유는 수요자와 시민 참여를 중심으로 스마트시티를 만들어가고 있어서다. 세계의 많은 스마트시티는 정부에서 주도하고 시민과 기업에서 참여하는 형태로 진행되지만, 암스테르담은 시민과 스타트업, 민간 기업에서 주도적으로 참여해 도시 생활과 관련한 아이디어와 서비스, 제품 등을 제안하고 이를 프로젝트로 추진하며 스마트시티를 만들어가고 있다.

암스테르담은 2009년 기업, 거주자, 지자체, 연구기관 등에서 참여하는 플랫폼 '암스테르담 스마트시티(Amsterdam Smart City, ASC)'를 구축해, 도시 문제를 해결하며 혁신적인 아이디어와 해결책을 제시

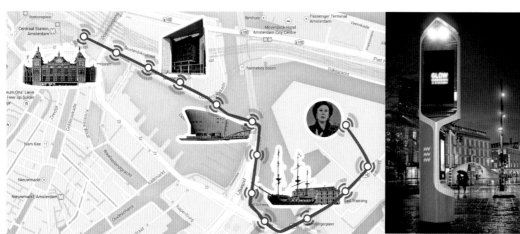

암스테르담의 '아이비콘 마일'. 이 구역 곳곳에 설치된 비콘 덕분에 교통 정보, 행사 정보, 가격 등의 각종 정보를 얻을 수 있다. ⓒ 암스테르담 경제위원회

네덜란드의 도시 곳곳에는 많은 비콘이 설치돼 있다. 사진은 비콘이 설치된 에인트호번의 키오스크. ⓒ 인텔

하고, 편리와 실용을 우선으로 하고 있다. ASC에서는 시민 주도로 200개가 넘는 다양한 프로젝트가 디지털시티, 에너지, 이동성, 순환도시, 거버넌스와 교육, 시민과 생활이라는 여섯 개 주제에 따라 추진되고 있다.

대표적인 선도 프로젝트에 블루투스 기반의 근거리 무선통신 장치인 비콘을 실생활에 접목하는 '아이비콘 마일(iBeacon Mile)'이 있다. 암스테르담은 암스테르담 중앙역부터 마리너터레인(Marineterrein)까지 약 3.4km에 걸친 구역에 세계 최초의 비콘 리빙랩(시민, 기업, 대학 등에서 공동으로 해당 프로젝트를 진행하는 것) '아이비콘 마일'을 만들었다. 스마트폰에 앱을 설치한 뒤, 이 지역을 지나면 각종 정보가 스마트폰에 제공된다. 예를 들어 공항에서는 공항 내 음식점 위치, 길 안내 지도, 탑승 게이트 같은 정보를, 버스정류장에서는 버스나 트램 도착 시간과 노선 정보를, 도서관이나 박물관 앞을 지나면 책이나 행사 정보를, 식당 앞에서는 할인쿠폰과 메뉴, 가격 등을 보내준다. 이렇게 아이비콘 마일을 통해 검증받은 아이디어와 서비스는 곧 실생활로 확장된다.

싱가포르, 디지털 트윈으로 가상실험 뒤 적용

관광과 무역, 금융 중심지인 도시국가 싱가포르는 계속 성장하고자 1980년대부터 도시에 첨단기술을 적용하고 있다. 2014년에는 리셴룽 싱가포르 총리가 '스마트네이션(Smart Nation)'을 국가 비전으로 제시하며, 스마트시티에 박차를 가하고 있다. 스마트네이션은 ICT를 활용해 도시 효율성을 높이고, 수집 데이터를 바탕으로 새로운 가치를 창출하는 스마트시티를 국가 차원으로 확대한 것이다.

싱가포르에서는 글로벌 기업 참여도 활발하다. IBM과 시스코시스템즈 같은 글로벌 기업과 대학에서 함께 '스마트네이션 펠로십 프로그램'을 운영하며, 전문가 참여와 네트워크를 넓혀가고 있다. 또한 싱가포르에서는 신기술 수용에 적극적이다. 싱가포르에서는 로보틱스와 인

싱가포르 북부의 풍골 타운을
설계할 때 버추얼 싱가포르
플랫폼을 활용했다. 사진은 풍골
타운의 수변 주택지.
© Deoma12

공지능(AI) 같은 첨단기술의 테스트베드 역할을 맡는 데 적극적으로 참
여하고 있다. 특히 차세대 모빌리티 기술인 자율주행차를 민간 업체에
서 실험할 수 있도록 공공도로를 오픈했으며, 자율주행차가 가장 잘 달
리는 도시를 만들겠다는 목표를 추진하고 있다. 실제로 싱가포르에서는
2017년에 세계 최초로 운전자 없이 공공도로를 주행하는 무인 자율주
행 택시 실험에 성공했다. 이 택시는 누토노미(NuTonomy)라 불린다.
스마트폰에 자신의 위치와 목적지를 입력하면, 가장 가까이 있는 누토
노미 차량이 온다.

무엇보다 세계에서 싱가포르를 주목하는 이유는 2018년 도시 전
체를 3D 가상현실(VR)로 구현한 버추얼 싱가포르 때문이다. 버추얼 싱
가포르는 스마트시티를 위한 가상 플랫폼으로 도로와 빌딩, 아파트,
산, 강, 가로수까지 구조물처럼 도시에 대한 정보가 상세하게 등록돼 있
다. 버추얼 싱가포르를 구현한 기술은 디지털 트윈으로, 현실에 존재하
는 대상이나 시스템을 가상공간에 그대로 구현해 현실에서 시도하기 힘
든 다양한 실험을 대신할 수 있다. 도시에 발전소를 세운다고 가정하

면 가상공간에서 먼저 실험하며 모든 위험요소와 경제적 이익을 따져본 뒤에 실제 발전소 건설로 이어간다. 실제로 싱가포르 북부의 풍골(Punggol) 타운을 설계할 때 버추얼 싱가포르 플랫폼을 활용해 가장 공기가 잘 통하고 어디서나 일조량을 충분히 확보할 수 있도록 했다. 또한 3D 시뮬레이션을 이용하면 특정 지역이나 건물에서 사고가 날 때 피해 범위를 미리 파악할 수 있으므로 이를 활용해 시민들을 안전하게 대피시킬 수 있다. 이처럼 싱가포르는 플랫폼을 중심으로 스마트시티를 구현해가는 대표 도시이다.

뉴욕, 빅데이터로 범죄와 환경 문제 해결에 집중

뉴욕은 2016년 스마트시티엑스포세계총회(Smart City Expo World Congress)에서 최고의 스마트시티로 선정됐다. 시민들에게 제공되는 실질적인 혜택이 늘었다는 이유에서이다. 사실 메가시티의 대표주자인 뉴욕은 대도시의 온갖 문제를 안고 있다. 특히 환경과 범죄, 교통 부문에서 문제가 심각하다. 캐나다 토론토대 크리스토퍼 케네디 교수 연구팀에서 전 세계 27개 메가시티의 에너지와 물 사용, 쓰레기 배출을 조사한 결과 2015년 기준 뉴욕에서는 1인당 에너지와 물 사용, 쓰레기 배출에서 1위를 차지했다. 또 뉴욕에서는 세계에서 가장 더러운 지하철과 할렘가 등의 치안 문제로 골치를 앓고 있다.

뉴욕에서는 이런 문제를 해결하고자 스마트시티를 적극 추진하고 있다. 방향은 빅데이터를 활용한 도시 문제 해결이다. 뉴욕에서는 2013년 시장 직속으로 MODA(Mayor's Office of Data Analytics)를 설립해 데이터의 공유와 수집, 관리를 촉진하고 있다. 시 민원 전화인 NYC311, 택시와 통근버스 정보 등을 포함한 100개가 넘는 기관으로부터 데이터를 수집하고, 개인정보가 노출되지 않도록 데이터를 정리한 뒤 NYC오픈데이터(Open Data)를 통해서 모두에게 공개한다. 이때 수집된 데이터는 전문 기관을 통해 효율적으로 활용할 수 있는 형태로 가

링크NYC란 프로젝트 덕분에. 뉴욕에서는 링크NYC 키오스크 주변에 있으면 누구나 초고속 무선인터넷 서비스를 무료로 이용할 수 있다.

공된 뒤 일반에게 제공된다. 이 데이터는 각종 연구와 시민 생활 분석 등에 활용된다. 시민들은 NYC오픈데이터 홈페이지에서 키워드 검색으로 필요한 정보를 확인하거나 내려받을 수 있다. 사실 뉴욕에서 빅데이터를 활용하기 시작한 것은 훨씬 오래전의 일이다. 1994년 IBM과 협력해 '콤프스탯(Compstat)' 프로그램을 도입한 뒤, 범죄 빅데이터를 인공지능(AI)으로 분석하기 시작했다. 이 프로그램은 매일 범죄 발생 가능성이 높은 지역을 각 경찰서에 알려줬다. 이 프로그램 도입으로 뉴욕에서 1900건 이상 발생하던 살인사건이 2015년 기준 352건으로 크게 줄었다.

뉴욕을 방문한 여행객과 시민이 실감하는 프로젝트는 링크NYC이다. 뉴욕시에서 모든 시민이 공평하게 인터넷을 이용할 수 있게 한다는 계획으로 시작한 링크NYC는 24시간 365일 언제나 무료로 이용할 수 있는 초고속 무선인터넷 서비스이다. 태블릿 광고 화면이 달린 작은 공중전화 부스처럼 생긴 링크NYC 키오스크 주변에 있으면 누구나 무선인터넷을 이용할 수 있다. 스마트폰이 없으면 키오스크 태블릿 화면을 직접 터치해 길을 찾거나 정보를 검색할 수 있다. 뉴욕에서는 링크NYC 키오스크를 2024년까지 7500개를 설치할 계획이다.

뉴욕에서는 세계 최대 규모의 자동원격검침(Automated Meter Reading, AMR) 시스템을 구축해 운영하고 있다. 2009년부터 시작한 이 시스템은 뉴욕에 있는 83만 채가 넘는 건물에 수도와 전기 관련 센서를 설치해 중앙관제센터로 데이터를 전송한다. 시에서는 이렇게 수집된 정보를 토대로 요금을 산정하고 고지서를 발급하는 한편, 누수와 에너지 낭비 현황을 모니터링하며 관리한다.

항저우, 클라우드와 AI로 도시 관리

세계적인 관광 명소로 유명한 중국 항저우가 첨단 ICT 도시로 탈바꿈하고 있다. 2018년 3월 기술시장 조사전문기관 '주니퍼 리서치

(Juniper Research)'에서는 세계 스마트시티 순위를 발표했는데, 서울이 6위, 항저우가 20위를 각각 차지했다. 2017년 중국 스마트시티 백서에 따르면, 중국 전체 335개 도시 중 인터넷과 사회서비스 지수가 383.14로 최고의 스마트시티로 항저우를 꼽았다.

2017년 기준 항저우에서는 택시 중 98%에서 모바일 결제를 할 수 있고, 슈퍼와 편의점 95%에서 알리페이를 사용할 수 있다. 또 시민이 알리페이로 정부업무와 차량, 의료 등 총 60여 종의 도시서비스를 이용할 수 있다. 2018년부터는 얼굴인식 결제시스템이 도입돼 버스와 편의점 등에서 이용할 수 있다. 또 항저우에서는 2017년 8월 세계 최초로 온라인 법원을 설립했는데, 온라인에서 발생한 문제를 온라인에서 직접 심사할 수 있다. 당사자가 온라인으로 소송을 바로 할 수 있으며, 온라인 분쟁은 온라인으로 상담받고 중재받을 수 있다.

항저우가 세계의 관심을 끌고 있는 이유는 '시티브레인(City Brain)' 때문이다. 시티브레인은 도시관리에 클라우드와 AI를 활용한 스마트시티 플랫폼이다. 시민들이 만든 정보가 클라우드에 쌓이고, 이를 AI가 분석해, 이를 토대로 도시에 서비스를 제공한다. 알리바바를 중심

항저우에서 도시관리에 활용하는 스마트시티 플랫폼 '시티브레인'. 먼저 교통 분야에 적용해 통행시간을 15% 줄이는 데 기여했다.
© Alibaba Cloud

으로 항저우 교통경찰, 도시관리, 건설위원회 같은 정부기관 열한 개와 화삼통신, 푸스캉 같은 IT 기업 열세 개가 협력해서 만들고 있다.

항저우에서는 시티브레인을 스마트 교통에 먼저 적용해, 항저우 신호등 128개를 관리하면서 시범지역 통행시간을 15.3% 줄이는 데 성공했다. 또 하루 평균 교통사고 신고 건수가 500건 이상, 정확률이 92%에 달해 도로교통법 집행에서도 효율성을 크게 높였다. 곧 중국의 쑤저우, 취저우, 마카오 같은 다른 도시에서 벤치마킹에 나섰다. 말레이시아에서는 알리바바와 알리 클라우드의 '시티브레인' 기술을 수입하기로 협약했다. 중국의 AI 기술을 수출하는 첫 사례다.

송도, 시행착오 통해 국내 스마트시티로 발전

국내에서도 다양한 스마트시티가 추진되고 있다. 대표적인 곳이 인천이다. 송도 G타워에 가면 영상과 지도, 그래프 같은 다양한 데이터가 한쪽 벽면을 가득 채운 현황판을 볼 수 있다. CCTV, 센서, IoT 설비 등이 설치된, 4500개가 넘는 시설에 대한 데이터가 모두 시각적으로 표현된다. 인천경제자유구역(IFEZ)의 스마트시티 컨트롤타워인 스마트시티운영센터이다.

송도 G타워 스마트시티운영센터는 2014년 문을 연 뒤로 70개국에서 2만 명이 넘는 방문객이 찾아와 스마트시티 기술과 노하우를 배워가고 있다. IFEZ는 국내 지자체 최초로 스마트시티 플랫폼을 개발해 국내외에 스마트시티 솔루션을 통한 도시 모델을 수출하고 있다.

도시 곳곳에 설치된 지능형 CCTV와 센서가 비명소리나 담을 넘는 행위 같은 이상 상황이 발생하면 이를 감지해 센터로 보낸다. 또 도로 밑에 부착된 센서가 보내온 데이터를 통해 실시간 교통 상황과 도로 정보를 파악한다. 4500개가 넘는 시설물에 설치한 IoT 센서를 활용해 원격으로 시설물을 관리한다. 소방 사다리가 접근할 수 없는 고층 빌딩에는 고배율 원적외선 카메라로 화재를 감지해 실시간으로 모니터링하며

송도 G타워에는 인천경제자유구역(IFEZ)의 스마트시티 컨트롤타워인 스마트시티운영센터가 있다. 사진은 IFEZ 스마트시티를 소개하는 전시 코너.

화재 같은 사고에 대비한다.

이 모든 일을 IFEZ 스마트시티 플랫폼을 이용해 처리한다. 여의도 70배 규모인 IFEZ 지역을 관리할 수 있게 만든 이 플랫폼은 각종 데이터를 수집해 가공하고, 이렇게 가공한 데이터를 토대로 도시를 스마트하게 운영한다. IFEZ는 모든 인프라를 클라우드 기반으로 구축해 데이터를 쉽고 빠르게 확장할 수 있도록 했다.

송도와 청라, 영종 세 지역을 일컫는 IFEZ는 국내에서 가장 오래된 스마트시티이다. 송도는 2003년부터 유시티 설계와 인프라 구축을 시작하며, 현재와 같은 스마트시티를 구축하는 데 기반을 다졌다. 10년 이상 동안 구축한 통신망과 IoT 기반 인프라가 장점이다. 오래된 만큼 수많은 도전과 실패도 경험했지만, 이렇게 쌓은 경험은 국내 다른 도시에서 추진하는 스마트시티의 밑거름으로 작용하고 있다.

서울, 세계적인 스마트시티로 거듭난다

서울시에서는 2019년 본격적으로 스마트시티 구축에 나섰다. 현재까지 구축한 디지털 시민시장실 같은 서울의 스마트행정을 기반으로 세계적인 스마트시티로 거듭나겠다는 전략이다. 서울시에서는 매킨지

스마트시티에서 환경을 위해 전기차와 초소형차 활용이 늘고 있다.
©르노

글로벌 연구소의 세계 도시 스마트시티 평가에서 3위를, 스페인 IESE 비즈니스 스쿨 평가에서 7위를 차지했다.

2019년 3월 서울시에서는 '스마트시티 서울 추진 계획'을 발표하며, 2022년까지 총 1조 4,725억 원을 투자해 세계 최고의 스마트시티로 우뚝 서겠다는 목표를 밝혔다. 이를 위해 AI와 빅데이터, IoT 같은 4차 산업혁명 관련 첨단기술을 적극 활용할 계획이다.

우선 서울 전역에 IoT 센서를 5만 개 설치해 도시 데이터를 수집한 뒤 'IoT 공유 주차 시스템'을 구축한다. 2019년 상암DMC에서 무인 셔틀버스를 운행하고, AI 기술로 기사와 승객을 연결해주는 AI 택시 서비스도 시작한다. 블록체인 기반 교통결제 시스템도 도입한다. 또 세계 최초로 통합 올인원 커넥티드 차량 단말기를 개발해, 1단계로 1600대를 버스에 보급한다.

서울시 25개 자치구별로 관리하고 운영하는 CCTV 영상정보를 시와 경찰서, 소방서 등 여러 기관에서 공동으로 활용하는 '스마트서울 안전센터'도 상암동 에스플렉스센터에 운영한다. AI가 답변하는 챗봇을 2019년 120다산콜 상담업무에 시범 적용하고, 민관 공동 빅데이터 플랫폼도 2020년까지 구축한다. 공공 무선인터넷(와이파이) 서비스도 늘릴 계획이다.

세종 스마트시티, 시민이 행복한 도시 꿈꾼다

스마트시티에서 이동성을 높이는 데 활용되는 모빌리티 장치 전동킥보드.
©울룰로

국가 시범도시로 선정된 세종과 부산에서도 스마트시티 프로젝트가 추진되고 있다. 세종 국가시범도시 총괄기획자(MP)인 정재승 KAIST 교수는 2018년 8월 14일에 열린 한국과학기술단체총연합회 과학기술혁신정책포럼에서 테크놀로지보다 인간적이고 자연적인 환경을 활용한 스마트도시를 생각해, 세종 스마트도시 방향을 시민들이 행복한 도시로 잡고 있다고 밝혔다. 정 교수에 따르면, 세종 스마트시티는 인구 3만 명 정도로 자율주행차와 공유기반 자전거, 라스트마일 딜리버리

(Last Mile Delivery) 같은 다양한 실험을 진행한다. 이를 통해 사람들이 편리하게 도시를 이용할 수 있도록 공유기반 기술을 발전시키고, 혁신 기술 스타트업들을 유인하고 발굴하는 방향으로 추진한다.

이날 부산 에코델타시티 MP인 황종성 한국정보화진흥원

세종 스마트시티의 추진 방향. 생활체감형 서비스, 스마트모빌리티, 혁신 창업생태계, 스마트에너지 등을 구현할 예정이다.
ⓒ 국토교통부

연구위원은 규제 샌드박스를 적용해 자율주행차 운행과 혁신기업을 위한 창업공간과 핵심 인프라를 제공하며, 거주자 삶의 질 향상과 혁신 기술 실현으로 부산 에코델타시티를 스마트테크시티로 만들겠다고 밝혔다. 황 연구위원이 밝힌 부산 에코델타시티는 대중교통과 자전거 도로, 보행로 간 네트워크를 최적화해 도시 안과 도시 간의 이동 개념을 바꾼다. 또 도시 운영비용과 생활비용을 줄인다.

2019년 6월 3일에 열린 한국공학한림원(NAEK) 포럼에서 정재승 교수는 가상도시와 현실도시가 공존하는 '디지털 트윈' 기술과 블록체인 기술을 활용해 세종 스마트시티를 공유와 개방, 다양화를 갖춘 도시로 만든다고 더 구체화한 계획을 발표했다. 정 교수는 라이프스타일이나 인권처럼 보이지 않는 가치가 중요하며, 이를 센서와 데이터 기술 같은 스마트기술을 이용해 구현하겠다고 설명했다.

2018년 8월 14일에 열린 한국과학기술단체총연합회 과학기술혁신정책포럼에서 정재승 KAIST 교수가 세종 스마트시티에 대해 발표했다.
ⓒ 한국과학기술단체총연합회

이날 황종성 연구위원은 로봇공학과 가상현실(VR), 증강현실(AR) 기술을 결합해, 부산 에코델타시티를 노약자와 장애인 같은 약자의 이동과 거주, 생활을 돕는 도시로 만들겠다는 구체적인 계획을 밝혔다. 또 황 연구위원은 원하는 서비스를 플랫폼에서 구현할 수 있도록 최고의 플랫폼을 마련하겠다고 덧붙였다.

개방적이고 오픈된 구조에 시민 참여 필수

'2018 서울퓨처포럼(SFF)'에서는 원저 홀든 주니퍼 리서치 예측과 컨설팅 부문장이 5G와 헬스케어가 결합하면 스마트시티 시민에게 좀 더 나은 편의성을 제공할 수 있다고 밝혔다.
ⓒ 테크엠

스마트시티는 실제 생활에서 어떤 이점을 가져올까. 2018년 3월 13일 원저 홀든 주니퍼 리서치 예측과 컨설팅 부문장은 인텔과 함께, IoT를 기반으로 편리한 생활환경을 구축한 스마트시티가 시민들에게 매년 125시간을 돌려줄 잠재력을 갖고 있다는 연구결과를 발표했다. 이 연구에 따르면, 도시에서 교통 체증 때문에 1년에 최대 70시간을 낭비하는데, 스마트시티에 IoT 기반 인프라가 구축될 경우 연간 60시간을 돌려받을 수 있다. 또 스마트시티는 헬스케어 분야에서 연간 10시간 정도, 공공 안전이 향상될 경우 연간 35시간 정도의 시간을 각각 절약할 수 있다고 한다.

2018년 11월 서울 용산구 그랜드하얏트서울에서 열린 '2018 서울 퓨처포럼(SFF)'에서는 원저 홀든이 5G와 헬스케어가 결합하면 스마트시티 시민에게 한결 더 나은 편의성을 제공할 수 있고, 데이터로 시민들이 질병과 감염 정보를 수시로 확인해 지금보다 훨씬 더 건강한 삶을 살아갈 수 있다고 밝혔다. 이날 커코 반하넨 포럼비리움 스마트 칼라사타마 프로그램 디렉터는 스마트시티는 사람들에게 더 많은 것을 할 수 있도록 사람들에게 활동할 수 있는 시간을 더 주는 시스템이며, 모빌리티 시스템 구축으로 이동 시간을 단축하고 인공지능으로 에너지를 효율적으로 사용할 수 있게 한다고 설명했다. 그는 핀란드 헬싱키에서 추진하는 스마트시티 칼라사타마에서는 주민 중 3분의 1이 다양한 파일럿 프로젝트에 참여할 정도로 도시나 기업 중심이 아니라 시민 중심으로 프로젝트를 진행하고 있다고 말했다. 특히 그는 실패를 통해서 배운다며 칼라사타마가 세계에서 선도적인 스마트시티로 부각될 수 있는 이유가 이처럼 도전적인 자세에서 비롯됐음을 밝혔다.

사실 스마트시티는 방향성이 중요하다. 앤서니 타운센드 박사는 자신의 저서에서 '스마트시티는 무엇인가'라는 질문보다 더 중요하고 흥미로운 것으로 '스마트시티가 어떤 도시가 되기를 원하는가'라는 질문이 중요하다고 언급했다. 미래도시에 채용할 기술이 어떤 형태로 만들어지고 있는지 주의 깊게 볼 필요가 있다는 의견이다. 그는 또한 스마트시티가 능률적이어야 하지만 도시가 지니는 자생적 측면, 계획되지 않은 뜻밖의 재미, 그리고 사람들 간의 친교의 기회도 보전해야 한다고 강조했다. 대부분의 스마트시티는 도시를 새롭게 만들기보다는 기존 도시를 업그레이드하는 것에 가깝다. 그만큼 고려해야 할 것도 많고, 어떤 정책이나 기술 하나를 적용해도, 새롭게 만드는 것보다 오히려 시간이 더 걸리는 문제가 발생하기도 한다. 더욱이 기술이 계속 발전하면서 스마트시티에 대한 기준과 요구가 높아져, 중간에 수정하고 업그레이드해야 하기도 한다.

'2018 서울퓨처포럼'에서 폴 맨워링 암스테르담 IoT리빙랩 대표가 "리빙랩을 통해 시민과 함께 다양한 시도를 하고 있다."라고 하며 "도시의 장점은 기술이 아니라 시민이므로 시민을 잘 활용하는 것이 스마트시티 성공 비결"이라고 말했다.
© 테크엠

　　전문가들은 스마트시티를 단순히 하나의 프로젝트를 완료하는 개념으로 접근해서는 안 되며, 장기적인 관점에서 꾸준하게 만들고 다듬어가는 방향에서 설계하고 추진해야 한다고 강조한다. 황종성 연구위원은 국내 유시티가 실패한 이유를 "도시를 제품으로 바라보고 접근했기 때문"이라고 지적했다. 제품이 완성됐을 때는 성능이 우수하지만, 시간이 지나면서 점차 성능과 가치가 감소해 지속성이 떨어진다는 설명이다. 그는 도시를 플랫폼 관점에서 바라보고 설계해, 시민들이 경험을 공유하고 개선점을 찾아 끊임없이 발전시킬 수 있도록 해야 지속가능한 스마트시티가 될 수 있다고 설명했다.

　　스마트시티는 설계 당시의 기술이 중요한 것이 아니라고 전문가들은 조언한다. 얼마나 미래 지향적이고 포용적인 형태로 설계하느냐가 핵심일 수 있다는 뜻이다. 스마트시티를 개방적이고 오픈된 구조로 설계하고, 시민들이 참여하며 함께 만들어가야 하는 이유다. 시민이 참여해 스마트시티를 만들고 있는 좋은 사례는 암스테르담이다. 암스테르담은 리빙랩을 통해 시민들과 함께 다양한 테스트와 실험을 진행하며 도시에 2050년까지 순환 커뮤니티를 실현하려는 목표를 추진하고 있다.

아마존 대형 산불

반기성

연세대에서 기상학을 전공했고, 공군기상전대장, 한국기상학회 부회장을 역임했다. 조선대 대학원 대기과학과 겸임교수(2014~2016)를 맡았으며 연세대에서 대기과학 강의(2005~2016)를 했다. 현재 민간기상기업인 케이웨더의 예보센터장 및 기상산업연구소장으로 일하고 있다. 대통령 직속 국가기후환경회의 전문위원, 대한의협 미세먼지 특별대책위원, 민간협력 오픈데이터포럼 운영위원으로 활동 중이며 한국기상협회 이사장이기도 하다. 저서로는 『기후변화와 환경의 역습』 등 20여 권이 있다.

전 세계 대형 산불은
지구의 경고인가?

2018년 7월 29일 미국 캘리포니아주 멘도시노 콤플렉스에서 일어난 대형 산불. 구름기둥이 높게 형성되면 뇌우를 동반하는 구름(pyrocumulonimbus)이 될 수도 있다.
ⓒ flickr/Bob Dass

"도시에 살고 있는 사람들이 여러 가지 방법을 사용해서 자살하기 시작한다. 건물 위에 있던 사람들이 건물 밑으로 뛰어내리고, 경찰은 총을 자신의 머리에 겨누고 방아쇠를 당긴다." 영화 '해프닝'에 나오는 장면들이다. 사람들은 도시가 마비될 정도로 죽어가는데도 왜 자살을 하는지 이유를 알지 못한다. 수많은 사람이 죽고 나서야 원인을 알게 된다. 일정 수 이상의 사람들이 모여 있어야 하고, 이런 현상이 공기를 통해서 전달된다는 것이다. 그리고 자살 바이러스에 감염되면 스스로 목숨을 끊어야만 상황이 종료된다. 흥미로운 것은 인류의 자살 소동이 지구상 어느 곳에나 존재하는 풀과 나무의 반란이 원인이라는 점이다. 풀과 나무가 인간의 삶의 방식에 대한 위기감으로 치명적인 바이러스를 퍼뜨려서 인간을 멸종시키려 한다는 것이다. 다소 생뚱맞은 발상이지만, 인간의 환경파괴에 대한 경고이면서 숲과 나무는 인간이 생존하는 데 절대적이라는 것을 가르쳐 준다. 최근 아마존 열대우림을 비롯한 세계 곳곳에서 일어나고 있는 산불도 이런 사실을 재확인시켜 준다.

2018년의 대형 산불은 기후변화가 원인

세계에서 조림에 가장 성공한 나라는? 세계적인 산림전문가들은 대개 한국과 이스라엘을 꼽는다. 우리나라의 경우 한반도라는 같은 땅인데도 북한과 비교하면 천국과 지옥이라는 표현까지 사용한다. 산림이 풍부하다 보니 자연재해에 따른 피해가 북한에 비해 남한이 훨씬 적고 생활환경도 우수하다.

그런데 인류의 삶을 풍요롭게 해주는 산림이 매년 엄청나게 사라지고 있다. 최악의 산림파괴는 대형 산불이 주범이다. 우리나라에서는 동해안에 몇 년에 한 번 발생하는 대형 산불밖에 없기 때문인지 산불에 대한 경계심이 적다. 그러나 지금 전 세계는 대형 산불로 몸살을 앓는다. 대형 산불은 매년 엄청난 숲을 사라지게 만든다. 대형 산불의 가장 큰 원인은 지구온난화에 따른 기온의 상승이다. 기온상승으로 눈이 더 일찍 녹게 되고 땅과 수목이 더 일찍 마르게 되면서 산불 발생 시기도 빨라지고 있다. 기온상승이 악순환을 일으켜 연쇄반응으로 산불이 자주 발생하는 것이다.

미국 캘리포니아대 어바인캠퍼스(University of California, Irvine) 연구진에서 2018년 8월 1일 자 학술지《사이언스 어드밴스(Science Advances)》에 발표한 논문에서 건조한 가뭄 지역의 경우 다른 지역보다 기온이 네 배가량 더 빨리 상승하기 때문에 지구온난화 진행속도가

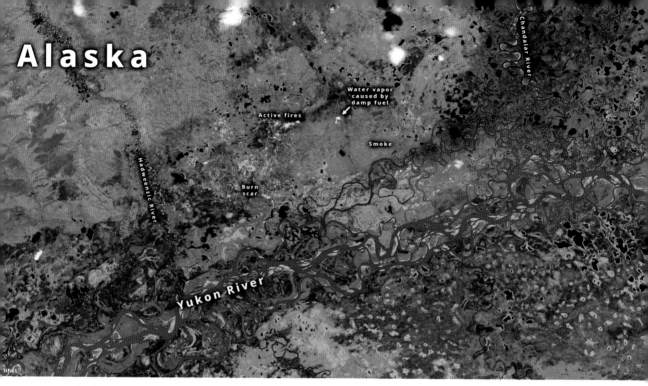

Alaska

Chandalar River

Water vapor
caused by
damp fuel

Active fires

Smoke

Burn
scar

Hadweenzic River

Yukon River

TINEL

'코페르니쿠스
센티넬2(Copernicus Sentinel-2)'
위성에서 촬영한 이미지에
알래스카에서 발생한 화재
현장이 잡혔다.
© Copernicus EMS/Pierre Markuse

훨씬 빠르고, 가뭄과 고온이 동시에 겹치면서 대형 산불과 농업 인프라 붕괴 등 극단적 재앙을 초래할 수 있다고 주장했다. 2018년에는 전해보다 더욱 극심한 대형 산불이 전 세계를 강타했다. 2018년 미국 캘리포니아에서 역대 최악의 산불 기록이 세워졌다. 7월 말부터 11월 초까지 캘리포니아주 샌프란시스코 북쪽의 멘도시노 콤플렉스(Mendocino Complex)에서 일어난 산불이 2017년 벤투라 산불의 기록을 갱신한 것이다. 무려 29만 692에이커(1176km²)의 지역이 불타버렸는데, 이는 서울 면적의 두 배나 된다. 이 산불의 원인으로 전문가들은 낮은 습도, 강한 바람, 극심한 폭염 등을 꼽았다. 호주에서도 2018년 대형 산불이 많이 발생했는데, 뜨겁고 건조한 날씨가 이어진 것이 가장 큰 원인이었다. 호주 기상청에서는 2018년 1~7월까지 기온이 1910년 이래 가장 높았다고 발표했다. 2018년 7월에 유럽의 스칸디나비아반도와 그리스의 산악지대가 대형 불길에 휩싸였다. 유럽에서 이어진 대형 산불은 스페인과 포르투갈에도 발생해 엄청난 피해를 가져왔다.

영국의 저널리스트이자 환경운동가인 마크 라이너스(Mark Lynas)는 자신의 저서 『6도의 악몽』에서 이런 산불이 남유럽과 지중해를 찾는 휴가객들에게는 앞으로 보기 흔한 광경이 될 것이라고 설명한다. 여러 기후변화 시뮬레이션의 결과를 보면, 아열대의 건조대가 사하라 사막에서 북상하면서 그 일대가 점점 더 건조하고 더워지기 때문이다. 평균 기온이 2℃ 상승하면 지중해 일대의 모든 국가에서 자연발화로 화재가 발생할 위험이 있는 기간이 2주에서 6주로 늘어날 수 있다. 그리고 최악의 피해를 보는 곳은 기온이 가장 많이 올라가는 내륙이 될 수 있다. 북아프리카와 중동에서는 사실상 1년 중 대부분이 '화재 위험 기간'으로 분류될 것이다. 그리고 앞으로 산불은 타는 듯이 무더운 날씨의 고온 때문에 더욱 가속화될 것이다. 프랑스, 터키, 북아프리카, 발칸반도의 내륙에서는 수은주가 30℃ 이상 올라가는 기간이 5~6주 늘어날 것으로 보인다. 밤 기온이 25℃ 이하로 떨어지지 않는 '열대야'의 수는 30일 정도 늘어날 것으로 보이며, 전 지역에서 여름이 4주 정도 더 길어질 수 있다. 이런 현상이 대형 산불 발생을 더 자주 가져올 것이다.

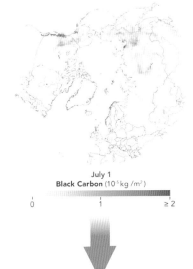

July 1
Black Carbon (10⁻⁵ kg /m²)

2019년에 극심했던 북극권 대형 산불

2019년 6월부터 시작된 북극권 지역의 산불이 석 달 이상 지속됐다. 세계기상기구(WMO) 관측 결과, 2019년 6월부터 7월 중순까지 모두 100여 건의 강력한 산불이 발생했다. 이 숫자는 2010년부터 2018년까지 집계된 같은 기간의 북극권 산불 발생 건수를 모두 합친 것보다 많다. 세계기상기구에서는 북극권 대형 산불이 내뿜은 이산화탄소 양이 6월에 50Mt(메가톤), 7월에 79Mt, 8월 상순에만 25Mt이나 됐다고 발표했다. 이 정도의 양은 2017년 벨기에 전체에서 배출한 이산화탄소 양의 1.5배나 된다. WMO에서는 이렇게 짧은 기간에 이렇게 많은 이산화탄소가 방출된 것은 전례가 없는 일이라고 밝혔다.

북극권 지역에서 가장 산불 피해가 큰 나라는 러시아이다. 블라디미르 푸틴 대통령은 시베리아 4개 지역에 비상사태를 선포했다. 시베리아에서만 6월과 7월 두 달 동안 남한 면적의 절반에 육박하는 430만 ha(헥타르, 1ha=0.01km²)의 산림이 잿더미로 변했다. 영국 일간지

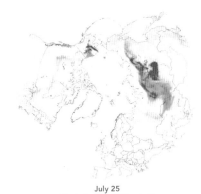

July 25
Black Carbon (10⁻⁵ kg /m²)

북극 주변에서 화재로 생긴 그을음(붉은색)의 위성 관측 모습. 2019년 7월 1일(위 사진) 일부 지역에서 나타난 그을음이 7월 25일에는 시베리아와 알래스카로 확대돼 있다.
© NASA

미국항공우주국(NASA) 연구팀에서 알래스카 숲속에서 채취한 '유기 토양'. 바로 밑의 영구동토층을 보호하는 단열재 역할을 한다.
ⓒ NASA

2019년 7월 18일 미국 알래스카주 보니 크리크 지역의 산림을 태우고 있는 산불.
ⓒ 미국 알래스카주 소방국

〈가디언〉에서는 그을음과 연기가 만든 구름의 크기가 유럽 전역을 덮을 정도인 500만 km²에 달한다고 보도했을 정도이다. 영국의 BBC에서는 그린란드의 시시미우트에서 발생한 산불로 인해 그린란드의 얼음이 평상시보다 한 달이나 빠르게 녹았다고 보도했다. 미국의 알래스카도 예외는 아니다. 올해 발생한 대형 산불로 무려 206만 에이커(1에이커 =0.004047km²)의 삼림이 불에 타버렸다.

왜 이렇게 북극권에 대형 산불이 일어나는 것일까? 세계기상기구(WMO)에서는 북극 일대 산불이 '전례 없는' 수준이라면서 기상 관측 이래 가장 높은 기온이 원인인 것으로 보고 있다. 2019년 6월에 북극이 역사상 가장 무더운 기온을 기록하면서 산불이 발생하기 좋은 조건이 됐다는 것이다. 유럽중기예보센터(ECMWF)에서 운영 중인 '코페르니쿠스 대기 모니터링 서비스(CAMS)'에 따르면, 2019년 6월이 기록적으로 가장 더웠다. 시베리아 지역의 1981~2010년 평균보다 거의 10℃나 높은 기온이었다는 것이다. 알래스카 기온은 7월 4일에 최고 32℃를 기록하면서 알래스카 대형 산불에 기름을 부었다. 북극권만 아니라 이상폭염이 발생한 유럽에서도 산불에 몸살을 앓았다. 독일, 그리스, 스페인 등 여러 나라에 강한 대형 산불이 일어난 것이다. 기온이 올라가면서 산불이 발생할 경우 규모가 더 커지고 오랫동안 이어진다. 여기에 북극권의 강한 바람때문에 더 넓은 지역으로 번졌다고 전문가들은 설명한다.

북극 대형 산불은 발생하면서 화상에 따른 인명피해 외에도 대기오염피해가 매우 크다. 미세먼지와 일산화탄소, 질소산화물, 비메탄 유기화합물 같은 유독가스 등이 대기 중에 배출된다. 특히 나무가 타면서 발생하는 입자와 가스는 먼 지역까지 이동해 공기의 질에 영향을 미친다. 오염 물질 중 이산화탄소는 지구온난화에 심각한 영향을 준다. 예를 들어보자. 2014년 캐나다에서 발생한 대형 산불은 700만 에이커 이상의 숲을 태웠다. 이때 1억 3천만 톤 이상의 이산화탄소를 대기 중으로 내뿜었다. 이것은 캐나다에 있는 모든 나무가 1년 동안 흡수하는 이산화탄소 양의 절반이나 된다. 북극권의 산불이 다른 지역보다 더 큰 위험은 영구동토층이 훼손될 가능성이 높기 때문이다. 영구동토층에는 엄청난 양의 탄소가 저장돼 있다. 대형 산불이 영구동토층의 탄소 저장능력을 훼손해 막대한 온실가스가 배출될 가능성이 있는 것이다. 이럴 경우 지구온난화는 심각할 정도로 가속화할 수 있다.

북극권의 산불에서 발생한 블랙카본(나무 등이 불완전 연소할 때 생기는 그을음)은 북극의 눈과 얼음 위에 쌓인다. 하얀 눈은 지구 표면으로 쏟아지는 햇볕의 90%를 반사해 지구온난화를 막는 방어막 구실을 한다. 그런데 블랙카본이 눈 위에 쌓이면서 태양빛을 흡수해 북극의 온난화를 가속시킨다. 그러니까 북극권 산불은 지구온난화를 이중, 삼중으로 가속화하는 셈이다.

열대우림의 대형 산불

"사랑하는 아내 제인과 밀림을 지키기 위해 타잔, 그가 이제 인간에게 맞선다!" 아프리카 밀림을 떠나 영국 런던에서 사랑하는 연인과 함께 문명사회에 완벽하게 적응한 타잔이다. 그러나 탐욕에 휩싸인 인간들은 그를 다시 밀림으로 불러들인다. 연인과 밀림을 지키기 위한 타잔의 모습은 최고이다. 이 영화는 벨기에에서 식민지였던 콩고의 수많은 원주민을 죽이고 돈을 추구하는 것이 배경이 됐다. 최근에 필자가 본 영화 가운데 열대 밀림이 가장 아름답게 녹아든 영화이다. 고무를 얻기 위해 엄청난 밀림을 파괴하는 장면이 섬뜩했던 기억이 있다.

타잔의 무대인 열대우림이란 무엇을 말하는 걸까? 열대림이란 위도상으로 적도 주변의 저지대에 밀집한 삼림을 말한다. 가장 넓은 지역이 아마존강 유역이며, 타잔 영화의 배경이 된 콩고 분지 일대, 그리고 보르네오섬 등이 열대우림의 본거지이다. 뜨거운 기온과 엄청난 강수량으로 나무가 잘 자라면서 식생 밀도가 가장 높고 아름드리나무가 빽빽하게 들어차 있다. 그러다 보니 다양한 생물종이 열대우림에서 살아간다. 지구온난화의 가장 큰 문제인 이산화탄소를 줄이는 매우 큰 역할도

가이아 빈스의 책 『인류세의 모험』 표지 사진은 아마존 삼림벌채 현장을 담고 있다.
ⓒ 곰출판

한다. 그럼에도 열대우림이 심각하게 파괴되고 있다고 경제관료 출신 저술가 이철환은 자신의 저서 『뜨거운 지구를 살리자』에서 주장한다. 인구증가에 따른 개발의 필요성과 열대우림에서의 전통적인 생활방식 고수가 원인인데, 아마존 지역은 목초지 조성과 농경지 확보 등이 가장 큰 이유이다.

"탐욕·개발로부터 아마존을 보호해야 합니다. 아마존 원주민들이 지금처럼 자신들의 땅에서 위협을 받은 적이 없었습니다. 원주민들을 배제한 채 석유, 가스, 금 등을 찾는 대기업의 탐욕과 횡포만 횡행하고 있습니다." 2018년 1월 프란치스코 교황이 아마존 밀림 인근의 한 체육관에서 개탄하며 한 말이다. 아마존 유역의 정부들에 의해 자행되는 무분별한 열대우림 파괴는 인류세(Anthropocene)의 전형적인 모습이라고 할 수 있다. 인류세라는 용어는 네덜란드 화학자이자 노벨상 수상자인 파울 크뤼천이 2002년 지구가 홀로세 표준으로 간주되는 조건에서 너무 많이 변했다는 이유를 들면서 처음 사용했다.

지금 지구는 극심한 기후변화에 신음하고 있다. 대기 중 이산화탄소 농도가 홀로세 평균보다 거의 50%나 높다. 온실가스 증가로 지구온난화는 지구 날씨를 엉망진창으로 만든다. 폭염으로 수많은 사람이 죽어간다. 점점 더 많은 홍수가 발생한다. 가뭄과 사막화는 국제적인 분쟁을 일으킨다. 해수면 상승으로 많은 지역이 바다에 잠겨간다. 식량이 감소하는 동시에 백신과 치료제도 없는 바이러스가 만연한다. 바다의 산성화와 남획은 심각한 수준 이상이다. 숲은 파괴되고 야생동물도 사라져간다. 지구는 여섯 번째 '대멸종'으로 달려가고 있다. 그런데 이 모든 변화는 인간의 영향 때문이다. 영국의 과학 및 환경 분야 전문기자 가이아 빈스는 자신의 책 『인류세의 모험』에서 이런 변화를 언급한다. 이 책에서 '숲' 부분을 보면 지금 인류가 지켜야 할 아마존에 대한 이야기가 나온다. 이 책의 표지는 아마존의 삼림벌채 현장을 랜드샛 7 위성에서 촬영한 영상을 담고 있다. 인류에 의한 아마존 열대우림의 삼림파괴를 너무 잘 보여준다.

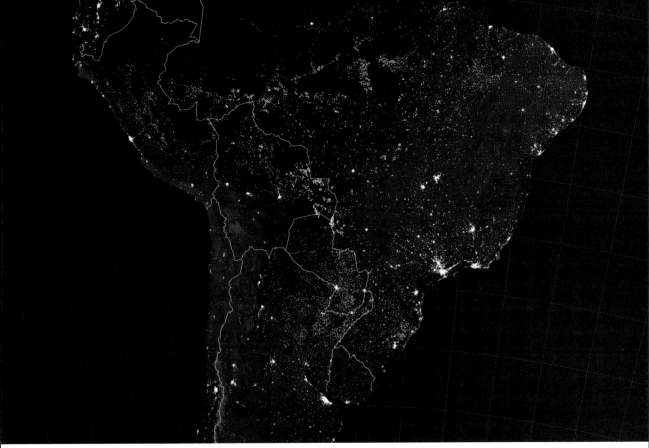

2019년 8월 15~22일에 일어난 아마존
열대우림의 산불 현황을 보여주는
위성사진 데이터.
© NASA Earth Observatory/Joshua Stevens

　　"아마존 열대우림에서 맹위를 떨치고 있는 화재들은 이미 북극
에서 발생한 예외적인 화재와 더불어 지구 기후와 환경에 대한 스트레
스를 가중시키고 있다." 2019년 8월 28일 세계기상기구(WMO)의 발
표 내용 중 일부이다. 아마존 유역은 지구 열대우림의 절반 이상을 차
지한다. 4개국에 걸쳐 있는 세계에서 가장 큰 열대우림으로 지구 산소
의 20% 이상을 생산하기에 '세계의 폐'라고 불린다. 매년 수백만 톤의
탄소 배출을 흡수하여 지구온난화를 조절해 준다. 또 지구상 동식물 중
10% 이상이 서식하는 생명의 보고이기도 하다. 그런 아마존의 열대우

아마존 지대에서는 화전을 일구는
모습이 흔하다. 야자유, 고무 등을
얻거나 소의 방목지를 만들기
위해서다.

림이 불타고 있다. WMO에서는 유럽우주국과 미국항공우주국(NASA)
의 위성사진을 통해 브라질, 페루, 볼리비아, 파라과이 지역에서 수천
건의 화재가 발생했음을 보여준다. 유럽우주국의 '코페르니쿠스 센티넬
3(Copernicus Sentinel-3)' 위성 데이터를 보면 2019년 8월 1일부터 8
월 24일까지 거의 4000건의 산불이 발생했다. NASA 고다드우주비행센
터(Goddard Space Flight Center)의 과학연구소에서는 2019년 8월 브
라질 중부 아마존의 주요 도로를 따라 크고 강력하며 지속적인 화재가
발생했다고 주장한다. 브라질 국립우주연구소 보고서에 따르면, 2019
년 아마존 지역에서 발생한 화재는 3만 9천여 건이나 된다. 이 수치는
2018년 같은 기간보다 77%가 늘어났고, 브라질 전역을 기준으로 하면
7만 4천여 건으로 84%나 증가한 것이다. 브라질 국립우주연구소에서는
산불로 1분당 축구장 1.5배 면적의 열대우림이 잿더미로 변하고 있다고
분석했다.

아마존 대형 산불, 왜 2019년에 심했을까?

브라질에서는 통상 7월부터 10월까지가 건기로, 이때 산불 발생이 최고조에 달한다. 아마존 지역도 이맘때쯤 가장 많은 산불이 발생한다. 문제는 2019년의 경우는 자연적인 산불이기보다는 인위적인 산불일 가능성이 더 높다는 점이다. NASA에 따르면, 2019년의 산불 발생지역은 가뭄 지역보다는 토지 개간 지역과 일치하고 있다. 아마존 지대에 사는 브라질 원주민들은 주식을 생산하기 위해 화전(火田)을 일군다. 이런 산불은 생계형으로 볼 수 있다. 그런데 최근의 산불은 화전민 뒤에서 목축업을 중심으로 하는 세계적인 다국적 기업에서 화전을 부추기는 것 같다고 한다.

그렇다면 왜 평년과 비교할 수 없을 정도의 대형 산불이 아마존에 발생한 것일까? 여러 가지 원인이 있다고 전문가들은 말한다. 그중 하나의 원인으로, 소를 키우기 위한 방목장을 만들기 위해 아마존에 불을 질렀다고 국제환경단체 그린피스에서는 주장한다. 아마존 산불의 배경에는 버거킹, 맥도날드, KFC 등이 있는데, 이들이 아마존 지역에서 생산된 소고기를 수입하면서 벌어진 일이라는 뜻이다. 패스트푸드업계에 고기를 공급해 돈을 벌고자 열대우림에 불을 지른다는 말이다. 화전을 일구고 몇 년이 지나면 그 열대우림은 전부 목초지로 변하기 때문이다. 소를 방목하기 위한 가장 좋은 환경이 이뤄지면 다국적 기업에서 화전민들에게 싼값으로 그 지역을 사버린다. 그러다 보니 원주민들이 열대우림에 산불을 지르게 되는 것이다.

두 번째로 2019년 유독 많은 산불이 났던 배경에는 미국과 중국의 무역 갈등이 있다는 의견도 있다. 육류 소비가 늘어난 중국에서 그동안 주로 미국에서 콩을 수입해 가축 사료로 써왔지만, 미·중 갈등 속에서 수입선을 다변화할 필요를 느꼈다는 의미이다. 중국에서 최근 새롭게 개척한 수입선 가운데 하나가 바로 브라질이었다. 콩을 생산하기 위해 아마존 밀림에 불을 질러 경작지를 만드는 일이 빈번해졌다는 말이다.

아마존 산불 소식을 접한 네티즌들은 각종 SNS에 불타고 있는 아마존의 사진과 함께 'Pray for Amazonia(아마존을 위해 기도해 달라)'는 해시태그를 게재하며 아마존의 상황을 알렸다.

세 번째 원인으로는 '셍 테하(Sem Terra)'로 불리는 브라질 무토지 운동 조직이 배후에 있다는 의견도 있다. 이들이 기존 농장을 위협하고 내쫓기 위해 주변에 산불을 놓는다는 것이다. 넷째로, 브라질 자이르 보우소나루 대통령은 "산불의 배후에는 NGO(비정부기구)가 있을 가능성이 있다."라며 "정부 환경 정책에 반대해 주의를 끌기 위한 것"이라고 주장하기도 한다. 1천여 개의 아마존 보호 시민단체에서는 아마존 지역 내 주 정부나 시 정부에 시민단체로 등록한다. 그런 뒤 일정 지역의 숲을 보호한다는 명목으로 당국으로부터 보조금을 받고 있다. 그런데 현 정부 들어서면서 보조금이 대폭 삭감됐다. 이들이 아마존 보호의 중요성을 부각하고 보조금을 증액하기 위해 산불을 지른다고 보우소나루 대통령은 주장한다.

그러나 세계의 환경전문가들은 브라질 보우소나루 대통령의 정책이 아마존 산불의 가장 큰 원인이라고 말한다. 보우소나루 대통령이 한 언론인터뷰에서 "예전에는 나를 '톱날 대장'이라고 부르더니 이젠 아마존을 불태우는 '네로 황제'라고 부른다."라고 말했다. 2019년 8월 29

일 단국대 박원복 교수는 YTN 라디오와의 인터뷰에서 보우소나루 대통령이 공약 사항으로 적극적인 개발을 내세웠다며 취임 직전만 해도 1992년에 세워진 환경부를 없애겠다고 말할 정도였다고 언급했다. 보우소나루의 아마존 정책은 우리나라의 1970년대 개발지상주의와 비슷하다. 그의 아들이자 상원의원인 플라비우 보우소나루가 제안한 법안을 살펴보면 이런 분위기를 파악할 수 있다. 이 법안의 요지는 기존 농촌지대로서 벌목이 불가능하게 되어 있는 법적 보호지대를 모두 다 없애자는 것이다. 이는 브라질에서 전 세계적으로 필요로 하는 지속할 수 있는 환경 보전이 아니라 개발지상주의로 가겠다는 말이다. 즉, 환경은 상관없이 경제적 이익이 가장 많은 정책을 펼치겠다는 뜻이다. 그러다 보니 아마존에 대형 산불이 계속 발생하고 번지는데도 뒷짐 지고 방관만 하고 있다는 것이다. 이것은 대형 산불 진화과정에서 보우소나루 대통령의 태도에서도 알 수 있다. 대형 산불이 걷잡을 수 없이 번져 나가자 서방 주요 7개국 모임인 G7에서 아마존 산불 진화를 돕기 위해 240억 원을 브라질에 지원하겠다고 밝혔다. 그런데 이 과정에서 프랑스 마크롱 대통령은 브라질 보우소나루 대통령이 기후변화에 맞서 싸우겠다는 거짓말을 하고 있다고 비판했다. 그러자 보우소나루 대통령은 자기를 모욕했다면서 서방의 지원금을 받지 않겠다고 선언한 것이다. 그러자 프랑스 마크롱 대통령은 G20 정상회의 때 브라질에서 아마존 환경 문제를 더 신경 쓰지 않는다면 전체 남미 시장에 영향을 주는 유럽연합(EU)-남미공동시장(메르코수르) 자유무역협정(FTA) 체결까지 철회하겠다고 언급했다. 다른 많은 나라에서도 아마존 유지 보전기금을 내놓지 않겠다고 선언했다. 브라질 산불사태가 더 심각해지고 세계적인 비난이 심각해지자 보우소나루 대통령은 8월 28일 기금에 대한 통제권을 모두 브라질에 넘겨준다면 기부를 받겠다면서 마지못해 입장을 선회했다. 결국 자국의 산림자원이 불타고 있는데도 별 관심을 보이지 않은 보우소나루 대통령이야말로 산불의 주범이라는 뜻이다.

"나는 아마존 열대우림에서 발생한 화재에 대해 깊은 우려를 하고

2019년 7월 25일 위성사진에
찍힌 브라질 국경 지대.
브라질에서 시작된 산불이
이웃 나라인 볼리비아와
파라과이까지 불길과 연기가
번져 나가고 있다.
© NASA

있습니다. 세계 기후위기 속에서 주요 산소 원천이자 생물 다양성의 보고에 더 큰 피해를 볼 수는 없습니다." 안토니오 구테흐스 유엔사무총장의 말이다. 그러나 피해는 상상 이상으로 크다. 당장 눈앞에 보이는 피해보다 미래의 지구 환경에 미치는 피해가 훨씬 더 크다.

유럽연합(EU)의 '코페르니쿠스 대기 모니터링 서비스(CAMS)'에 따르면, 이번 화재로 2019년 8월 1일부터 25일까지 255Mt(메가톤)의 이산화탄소와 다량의 일산화탄소가 대기 중으로 방출됐다. 산불은 연소로 많은 토착민에게 직접적인 위협을 가할 뿐만 아니라, 미세먼지와 일산화탄소, 질소산화물, 비메탄 유기 화합물 같은 유독 가스 등 해로운 오염물질도 대기 중으로 뿜어낸다. 바이오매스 연소 시 발생하는 입자와 가스는 먼 곳의 대기 질에 영향을 미치며 먼 거리를 이동한다. 실제로 아마존 산불 연기는 2500km 이상 떨어진 상파울루까지 이동한 뒤 강한 전선과 만나면서 거센 폭풍우와 함께 8월 19일 도시를 암흑 속으로 빠뜨렸다. 이 연기는 대서양 연안까지 퍼져나갔다.

유럽우주국(ESA)에서도 9월 9일 웹사이트를 통해 '코페르니쿠스 센티넬-5P' 위성에서 찍은 브라질 아마존 열대우림의 사진 여러 장을 공개했다. 산불이 적었던 직전 달과 비교한 사진이었다. 실제로 위성사진을 보면 아마존에서 대형 산불이 발생하기 이전인 7월보다 이후인 8월에 대기 중 이산화탄소 농도가 더 높아진 것을 확인할 수 있다. ESA는 아마존 산불로 인류가 숲과 생명 다양성을 잃는 환경 비극에 더해 대기의 질 악화, 글로벌 기후 영향 등 '삼중고'를 겪고 있다고 밝혔다. 특히 ESA에서는 나무가 주요 온실가스인 이산화탄소를 흡입하고 저장함으로써 지구의 기온상승을 억제하지만, 산불로 아마존 열대우림에 비축돼 있던 이산화탄소가 대기 중으로 방출됐으며, 산불이 발생하면서 미세한 오염물질도 대거 남아메리카 대기 중으로 확산해 기후변화와 건강에도 영향을 미치게 됐다고 언급했다.

열대우림의 중요성

"나무가 국가를 살리고 사람을 풍요롭게 한다." 카리브해에 히스파니올라라는 섬이 있다. 쿠바의 오른편에 위치란 섬으로 두 나라가 공존하고 있다. 히스파니올라섬의 서쪽에는 아이티가, 섬 동쪽에는 도미니카공화국이 위치하고 있다. 아이티는 너무 못사는 나라인 반면, 옆에 있는 도미니카공화국은 비교적 잘 사는 나라이다. 왜 이런 차이가 난 걸까? 나라에 나무가 있는지가 그 차이가 만들었다. 예를 들어보자. 2016년 10월 초강력 허리케인 '매튜'가 히스파니올라섬을 강타했을 때, 아이티는 허리케인 때문에 엄청난 피해를 본 데 반해 바로 옆에 위치한 도미니카공화국에서는 피해가 매우 적었다. 아이티에서는 사망자가 1000명을 넘은 데 비해 도미니카공화국에서는 겨우 네 명이 죽었다. 허리케인이나 홍수 등 자연재해의 피해를 경감시키는 것이 바로 삼림이다. 아이티는 무분별하고 광범위한 벌목으로 전 국토가 민둥산이 되어 버린 반면, 도미니카공화국에서는 삼림이 매우 잘 보존돼 있다. 이 결과로 허리케인, 폭풍 등 자연재해가 발생했을 때 극명하게 차이가 발생하는 것이다. 삼림 전문가들은 아이티와 도미니카공화국의 삼림 차이를 북한과 남한의 차이와 비슷하다고 말한다.

삼림이 사라지면 수많은 피해가 발생한다. 열대우림의 가장 큰 가치는 지구의 기온을 조절하는 것이다. 사람들은 기온이 올라가면 땀을 배출해 체온을 조절하듯이 열대우림이 '지구의 땀샘' 역할을 한다. 즉, 열대우림은 증산작용을 통해 수증기를 공기 중으로 배출해 지구의 기온을 떨어뜨린다. 미국 버지니아대 연구팀에서는 열대우림이 완전히 사라질 경우 지구의 평균기온은 0.7℃가 추가로 상승할 것으로 예상한다. 열대우림은 물 조절에도 좋은 가치를 지닌다. 비를 30% 정도 차단할 뿐만 아니라 토양을 좋게 만들기 때문에 물 저장 공간이 많이 생긴다. 폭우가 내려도 물을 원활히 땅속으로 침투시켜 일시에 지표로 물이 흘러가는 것을 방지한다. 범람이나 침수 등을 막는 데 큰 역할을 하므로 홍

삼림이 파괴되는 현장. 삼림이
사라지면 태풍, 홍수 등의
자연재해에 취약해진다.

수 및 산사태 방지에 크게 기여한다. 열대우림은 강수량 조절기능도 갖고 있다. 열대우림이 30% 미만으로 파괴될 때에는 열대우림 지역의 강수량이 늘어나지만, 열대우림이 30% 이상 파괴될 때에는 열대우림 지역의 강수량이 줄어들기 시작한다. 기후전문가들은 만일 열대우림이 50% 이상 파괴되면 열대우림 지역의 강수량이 급격하게 줄어들 뿐만 아니라 열대우림 지역은 물론이고 중위도 지역의 강수량에도 큰 변화가 나타날 것으로 예상한다.

열대우림의 가치 중 하나가 온실가스인 이산화탄소를 흡수한다는 점이다. 열대우림은 광합성을 통해 이산화탄소를 흡수하고 산소를 배출하는데, 열대우림이 줄어들면서 이산화탄소 흡수량이 줄어들고 지구는 기후변화가 심각해진다. 게다가 열대우림이 저장하고 있던 이산화탄소가 배출되는 것도 문제다. 현재 아마존 열대우림과 땅에는 1500~2000억 톤의 온실가스가 저장되어 있다고 추정한다. 만약 아마존 열대우림이 파괴될 경우 500억 톤이 넘는 이산화탄소가 배출될 것으로 본다. 이 정도의 양은 전 세계에서 1년에 배출되는 온실가스의 두 배 정도나 된다. 엄청 심각하다는 말이다.

열대우림이 사라지면 원주민의 생활터전이 사라진다. 500여 년 전까지 아마존 열대우림에는 약 1000만 명의 인디언이 살았지만, 오늘날 그 숫자는 20만 명으로 줄어들었다. 기후변화가 일어나면서 생태계가 위협받는다. 열대우림 지역은 우기와 건기로 나뉘는데, 열대우림은 우기 때 내린 빗물을 저장했다가 건기 때 물을 흘려보낸다. 댐 역할을 하는 셈이다. 만약 열대우림이 사라지면 비가 올 때 물이 땅속으로 침투되지 않아 지표면으로 물이 유출된다. 물이 갑자기 불어나면서 홍수, 산사태 피해가 커질 가능성이 매우 높아진다. 따라서 강력한 태풍의 영향을 받거나 호우가 내리면 큰 피해가 발생한다. 토양층이 강렬한 햇빛과 폭우에 노출되어 토양이 유실된다. 또 가뭄과 홍수 피해가 늘어나면서 동물과 사람의 삶의 터전이 사라진다. 기후변화와 열대우림 파괴의 동시적 위협은 열대우림의 급속한 사바나(savannah, 대초원)화를 야기한다. 결국 종 다양성의 상실은 물론이고 과다한 탄소 배출로 이어지면서 악순환이 계속된다. 여기에 더해 열대우림이 사라지면서 희귀 야생동물의 서식처도 사라지고, 열대우림에서만 자라는 희귀 의약품 원료도 구하기가 어려워진다. 최근에 전 세계에 번지고 있는 지카바이러스도 아마존 열대우림 벌목으로 모기들이 도시에 서식하면서 번진다는 주장도 있다. 산림파괴를 줄이는 노력이 정말 시급하다.

열대우림을 보호하려는 노력

세계자연기금(WWF)에서는 2018년 연례보고서에서 매년 사라지는 산림 면적이 남한 면적보다 넓은 11만~15만 km²로 추산한다. 전문가들은 이미 40%에 가까운 산림이 파괴된 지구환경은 지구위험한계선을 넘었다고 보고 있다. 심각한 것은 지구의 허파라고 불리는 아마존의 열대우림이 벌목과 화재로 많이 줄어들고 있다는 점이다. WWF는 아마존 열대우림이 현재와 같은 속도로 계속 파괴될 경우 172년 뒤면 이 지

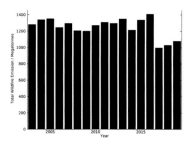

남반구 열대 아프리카의 산불로 인한 이산화탄소 방출량. 1월 1일에서 8월 26일까지 연도별 비교.
ⓒ ECMWF

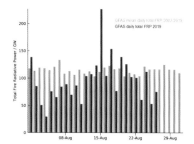

남반구 열대 아프리카의 화재로 인한 총복사열의 일변화. 2019년과 2003~2018년 통계 비교.
ⓒ ECMWF

역의 열대우림이 완전히 사라질 것이라고 밝혔다. 기상전문기자 안영인은 자신의 저서 『시그널, 기후의 경고』에서 지난 30년간 브라질 정부의 개발정책에 따라 삼림이 무분별하게 파괴됐다고 언급했다. 2017년 한 해 동안 파괴된 아마존 열대우림의 면적은 1만 6900km^{2}로 남한 전체 임야 면적의 4분의 1에 해당하는 넓이라고 한다.

그런데 세계 산림 파괴속도는 점점 빨라지고 있다. 2017년 세계자원연구소(WRI)에서는 20년 전 존재하던 세계의 숲 가운데 5분의 1만이 온전하게 남아 있으며 그중 40%는 앞으로 20년 안에 완전히 사라질 것으로 예측했다. 2018년 6월 세계산림감시(GFW)에서 발표한 바에 따르면, 2017년에 매초 축구경기장 하나 면적의 산림이 유실된 것으로 드러났다. 세계자원연구소(WRI)에서 개설한 웹사이트의 위성 조사를 보면 심각하다. 대형 산불과 불법적 벌채와 개간 등에 따른 지구촌의 산림파괴가 증가하고 있기 때문이다.

세계적인 대형 산불을 막고 지구의 환경을 보호하기 위한 노력 중 하나로 세계기상기구(WMO)에서는 글로벌 산불감시프로그램을 운영하고 있다. 위성기술이 발전하면서 전 세계적인 대기 상태나 산불 발생 상황을 실시간으로 탐지하고 감시할 수 있게 됐다. 위성감시시스템은 2002년 이후 NASA에서 시작됐다. NASA에서는 산불을 감지하고자 테라 위성과 아쿠아 위성에 탑재된 이미징 센서 MODIS(MODerate resolution Imaging Spectroradiometer)를 도입해 운영해왔다. MODIS 산불 감지 데이터는 NASA 고다드우주비행센터, 캘리포니아대 어바인 캠퍼스, 암스테르담 자유대에서 참여하는 GFED(Global Fire Emissions Database) 프로젝트에 의해 분석된다. GFED 프로젝트팀에서는 지구 시스템의 변화에서 화재의 역할을 더 잘 이해하기 위해 NASA 위성 자료를 17년 동안 처리해왔다. 유럽연합(EU)에서도 유럽중기예보센터(ECMWF)에서 산불감시프로그램을 시행하고 있다. 여기에서 운영하는 '코페르니쿠스 대기 모니터링 서비스(CAMS)'는 NASA의 테라 위성과 아쿠아 위성에 장착된 MODIS로 측정한 산불 관측 자료를

GFAS(Global Fire Assimilation System)에 통합한다. 이를 통해 화재 상황을 모니터링하고 오염물질의 배출량을 추정한다. 예를 들어 앙골라와 같은 남부 열대 아프리카 국가들의 광범위한 화재와 연소 활동을 감시하고 있다.

WMO에서는 2019년 초에 다양한 위성감시 시스템을 통해 화재 위험을 탐지하고 감시하는 것이 어떻게 가능한지 설명하는 짧은 애니메이션을 발표하기도 했다. 인공위성은 사람들이 관측하기 어려운 오지나 밀림에서 발생한 산불을 가장 먼저 감지해낸다. ESA의 지구관측프로그램 책임자인 요제프 아슈바허(Josef Aschbacher)는 지속적인 기후위기에 직면하고 있기 때문에 인공위성은 멀리 떨어진 지역, 특히 아마존과 같은 지구체계의 핵심 요소들에 대한 산불 감시에 필수적이라고 밝혔다. 또한 WMO에서는 '초목 화재와 연기 오염에 대한 경고 및 자문 시스템(VFSP-WAS)'을 시작했다. 산불의 영향을 받는 WMO 회원국에 산불과 매연, 그리고 오염 문제를 해결하기 위한 지침을 제공하고 있다.

아마존 열대우림을 보호하기 위해 서방 선진국에서는 '아마존 펀드'를 만들어 아마존강 유역에 위치한 네 개 나라에 기금을 제공하고 있다. 아마존을 개발해서 얻을 수 있는 이익 대신 지원금을 받고 아마존 열대우림을 보존해 달라는 뜻이다. 이 외에도 많은 나라와 기업이 아마존 보존 기금에 참여하고 있다. 삼성전자도 아마존 기금에 참여한 바 있다. 아마존 열대우림을 보호하기 위해 전 세계인이 힘을 합쳐야 한다. 남의 일이 아니라 바로 내 일이며, 내 후손의 삶이 걸린 일이기 때문이다.

다시 부는 매운맛 열풍

최낙언

서울대학교와 동 대학원에서 식품공학을 전공하고, 1988년 12월 해태제과에 입사해 기초연구팀과 아이스크림 개발팀에서 근무했다. 2000년부터 서울향료에서 소재 및 향료의 응용기술을 연구했으며, 2013년부터 ㈜시아스에서 식품 관련 저술활동을 했다. 현재는 ㈜편한식품정보 대표로서 지식을 구조화하고 시각화하기 위해 노력하고 있다. 2009년부터 최낙언의 자료보관소(www.seehint.com)를 운영해 왔다. 저서로는 『GMO 논란의 암호를 풀다』, 『식품에 대한 합리적인 생각법』, 『불량지식이 내 몸을 망친다』, 『FLAVOR, 맛이란 무엇인가』, 『진짜 식품첨가물 이야기』, 『감칠맛과 MSG 이야기』, 『감각 착각 환각』, 『맛 이야기』, 『내 몸의 만능일꾼, 글루탐산』, 『맛의 원리』, 『물성의 원리』, 『물성의 기술』 등이 있다.

한국인은 왜 매운맛에 빠질까?

우리나라 사람들은 고추를 고추장에 찍어 먹을 정도로 매운맛을 좋아한다. 사진에 보이는 매운 떡볶이도 한국인에게 인기 있는 간식이다.

한국인의 매운맛 사랑은 유난한 편이다. 매운 라면의 연간 판매량이 8억 개에 이르고, 1인당 연간 고추 소비량이 말린 고추, 고춧가루 등을 합해 3.8kg으로 세계 최고 수준이다. 한국에서 농가 소득에 대한 고추의 경제적 기여도도 쌀, 돼지, 한우에 이어 4위라고 한다. 채소류 중에서는 경제적 기여도가 1위다. 사실 고추는 소비량 4위인 채소다. 미국, 유럽, 일본 등에서도 소비가 증가하는 추세지만, 우리나라만큼 열열하지는 않다. 매운 떡볶이, 매운 낙지볶음, 매운 해물찜, 불닭, 불갈비 등 요리에도 끝이 없고 과자, 스낵, 라면 등에도 매운맛이 인기이다.

사실 매운맛은 주기적으로 인기를 끌었다. 특히 경제 불황이 심해지면 매운맛이 인기를 끌기도 한다. 매운맛에는 뭔가를 화끈하게 풀어주는 힘이 있다고 느끼는 것 같다. 최근 또다시 식품업계에 '매운맛 열풍'이 불고 있다. 여기에는 기존의 매운맛 열풍과 다른 요소도 추가됐다. 강렬한 매운맛을 주도하는 것은 20~30대의 젊은 층인데, 여기에 유튜브가 가세해 자극적인 음식을 먹는 방송(먹방)의 인기에 편승하며 매운맛의 인기를 끌어올리고 있다. 심지어 외국인까지 한국의 매운맛 라면에 도전하는 동영상이 인기이다. 그리고 여기에 맵고 얼얼한 맛의 중국 향신료 마라(麻辣)가 추가됐다. 마라는 지금 외식업계에서 가장 뜨거운 아이템이 됐다.

그렇다면 우리는 왜 그렇게 매운 것을 좋아할까. 왜 고추나 마라와 같은 매운 자극에 열광할까. 우리는 그렇게 맛있는 음식을 좋아하면서 정작 그것을 어떻게 느끼고 왜 맛있다고 느끼는지 잘 모른다. 사실 매운맛의 정체도 제대로 모르고, 고추는 왜 그렇게 매운맛 성분을 많이 갖고 있는지, 우리가 어떻게 고추를 먹기 시작했는지도 잘 모른다.

고추의 매운맛은 맛일까? 향일까?

지금 과학자들이 인정하는, 혀로 느낄 수 있는 맛은 단맛, 신맛, 짠맛, 쓴맛, 감칠맛 이렇게 다섯 가지뿐이다. 서양에서는 아리스토텔레스 등이 단맛, 신맛, 짠맛, 쓴맛 이렇게 네 가지가 기본 맛이라고 한 것이 1000년을 이어오다가, 최근 100년 사이에 감칠맛이 추가되어 다섯 가지가 된 것이다. 과거 우리의 선조는 단맛, 신맛, 짠맛, 쓴맛, 매운맛 이렇게 다섯 가지를 오미(五味)로 생각했는데, 매운맛 대신 감칠맛이 그 자리를 차지한 것이다.

혀에는 유두가 있고 유두에는 미뢰(맛봉오리)가 있다. 미뢰에는 100여 개의 맛세포가 있는데, 맛세포의 섬모에는 맛 수용체가 많다. 맛 수용체는 단맛, 신맛, 짠맛, 쓴맛, 감칠맛을 느끼는 다섯 가지 종류가

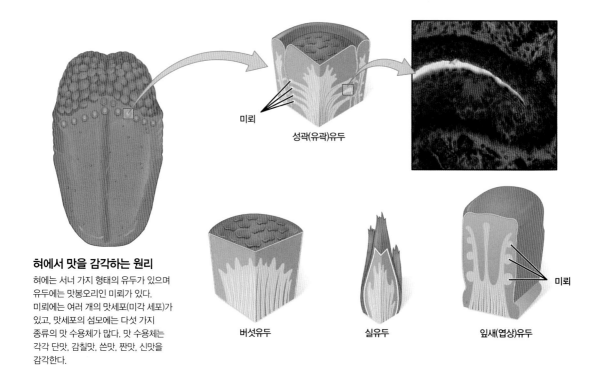

혀에서 맛을 감각하는 원리

혀에는 서너 가지 형태의 유두가 있으며
유두에는 맛봉오리인 미뢰가 있다.
미뢰에는 여러 개의 맛세포(미각 세포)가
있고, 맛세포의 섬모에는 다섯 가지
종류의 맛 수용체가 많다. 맛 수용체는
각각 단맛, 감칠맛, 쓴맛, 짠맛, 신맛을
감각한다.

미뢰

성곽(유곽)유두

미뢰

버섯유두

실유두

잎새(엽상)유두

미뢰의 맛 세포

감칠맛   쓴맛

단맛

신맛, 짠맛

지지 세포

소낭

ATP

기저세포

맛 수용체

H^+ Na^+

신맛   짠맛   단맛   신맛   감칠맛

있다. 매운맛을 감각하는 맛 수용체는 없으니 매운맛은 미각이 아닌 것이다. 그럼 고추는 향신료이니 매운맛은 향일까. 맛은 다섯 가지뿐이지만 향은 셀 수도 없이 많다. 사과 향, 딸기 향, 커피 향, 아카시아 향, 장미 향처럼 이름으로 세어도 끝이 없고, 사과 향도 종류에 따라, 숙성 정도에 따라 다르다. 그래서 과학자들은 인간이 구분할 수 있는 냄새의 종류는 1조~10조 가지로 추정한다. 그리고 과거부터 허브나 향신료의 맛 물질을 '에센셜 오일(essential oil)'이라고 불렀다. 이 단어에는 향의 특성이 잘 포착되어 있다. 맛 물질은 물에 잘 녹지만, 냄새 물질은 물보다는 기름에 더 잘 녹는다. 그래서 요리사들이 허브와 향신료를 기름에 녹여 사용할 때가 있다. 향기 물질은 식물이 신호를 보내거나 벌레 등으로부터 방어할 목적으로 만드는데, 지나친 양은 포식자뿐 아니라 식물 자신에게도 부작용을 초래할 수 있다. 즉 독이 될 수 있다는 뜻이다. 그래서 식물은 세포 안에 따로 오일을 격리하기 위해 애를 쓴다. 그 양도 제한적이다. 우리는 식물 중에서 향이 가장 강한 것을 허브나 향신료로 쓰는데, 실제 향기 성분의 양은 1% 안팎이다. 그만큼 강력하고 귀한 것이라 '에센스(정수)'라고 할 만하다. 그런데 매운맛은 그런 향에 속하지도 않는다.

코에서 후각을 담당하는 곳은 뇌에서 가장 가까운 부분으로, 코로 들어온 공기 전체가 아니라 일부만을 이용하는 구조이다. 코 상단의 후점막 부분은 황갈색을 띠고 있어서 다른 부분과 구별되는데, 작은 동전 크기 정도의 이 부분에 냄새를 맡는 후각세포가 1000만 개 정도 밀집돼 있다. 그 후각세포에 많은 섬모가 나와 있고, 이 섬모의 막에 냄새를 감지하는 후각 수용체가 1000개 정도 있다. 만약 후각세포가 한 종류라면 한 가지 냄새만 구분할 수 있을 텐데, 후각 수용체의 종류는 무려 400가지나 된다. 시각 수용체가 3종, 촉각 수용체가 4종, 미각 수용체가 30종인 것을 감안하면 압도적으로 많은 종류이다. 그래서 이들의 조합으로 1조 개가 넘는 냄새의 차이를 구분할 수 있다. 그런데 매운맛은 이런 후각으로 느끼는 것도 아니다. 바로 혀에 있는 온도 수용체로 감각한다.

매운맛은 뜨거운(hot) 맛!

고추, 후추, 생강, 겨자, 서양고추냉이, 와사비, 산초 등은 흔히 '맵다'로는 특성을 갖고 있다. 그런데 이들은 미각이나 후각 수용체가 아니라 혀와 피부 등에 존재하는 온도 수용체로 감각하는 자극이다. 우리가 생존하기 위해서는 체온을 유지하는 것이 정말 중요한데, 온도를 감각하기 위해 우리 몸에는 몇 종의 온도 수용체가 있다.

대표적인 것이 15℃ 이하를 감각하는 TRPA1, 25℃ 이하를 감각하는 TRPM8, 33~39℃를 감각하는 TRPV3, 그리고 43℃ 이상을 감각하는 TRPV1이다. 온도 수용체는 생각보다 종류가 적고, 그래서 감각 할 수 있는 온도 범위가 15~43℃로 제한적이다.

고추, 후추, 마늘 등을 먹고
느끼는 매운맛은 미각이나 후각
수용체가 아니라 온도 수용체로
감각하는 자극이다.

그런데 이들 수용체가 실수로 온도가 아니라 화학물질에도 반응
하는 것이다. 감각 수용체는 주로 세포막에 존재하는 단백질인데, 형태
의 변화로 신호가 만들어진다. 많은 감각 수용체가 특정 분자와 결합해
형태가 변화되고 신호가 만들어지지만, 완벽하게 그 분자와만 결합하지
는 않고 여러 분자에 반응한다. 온도 수용체는 온도에 따라 단백질의 형
태가 변하고 그런 특징을 이용해 만들어진 센서인데, 다른 화학물질과
결합해서 변형되지 말라는 법이 없다. 오히려 완벽하게 온도에 의해서
만 반응한다면 그것이 더 부자연스러운 현상일 것이다. 원래 단맛 수용
체는 몸속에 흡수되어 에너지원이 되는 당류에 반응하도록 설계된 것인
데, 실수로 칼로리가 없는 고감미 감미제에도 반응하는 것처럼 온도 수
용체도 실수를 하는 것이다. 우리 몸은 생존에 충분할 정도로 정교하지,
완벽하게 정교하지는 않은 셈이다.

고추 매운맛의 정체는 캡사이신

고추의 매운맛은 캡사이신 덕분이다. 매운 맛은 캡사이신의 농도에 따라 달라지는데, 매운맛 정도를 표시하는 가장 대표적인 방법이 1912년 미국 화학자 윌버 스코빌(Wilbur Scoville)이 창안한 '스코빌 척도(Scoville Heat Unit, SHU)'이다. 그는 고추 추출물을 매운맛이 완전히 사라질 때까지 설탕물에 희석한 뒤 설탕물과 고추 추출물의 비율로 매운맛의 강도를 측정했다. 멕시코 고추인

미국 텍사스주 휴스턴의 센트럴 마켓에 있는 채소 가게에 진열돼 있는 매운 고추들. 스코빌 척도가 함께 적혀 있다.
ⓒ WhisperToMe

할라피뇨의 경우 매운맛을 완전히 없애는 데 최대 5000배의 설탕물이 필요해 5000SHU로 평가됐으며, 인도 고추인 부트 졸로키아는 100만 SHU를 넘는다. 지금은 굳이 이런 희석실험을 하지 않고 분석기기를 통해 고추의 매운맛 성분인 캡사이시노이드(capsaicinoid) 함량을 측정하면 되지만, 그래도 오랫동안 쓰였던 스코빌 척도가 여전히 활용된다.

세상에서 가장 매운 것은 무엇일까? 순도 100%의 캡사이신은 당연히 일반 고추와 비교할 수도 없이 맵다. 1500만 SHU로, 1만이 되지 않는 청양고추보다 1500배 이상 맵다. 그런데 놀랍게도 순수 캡사이신보다 더 매운 것도 있다고 한다. 바로 모로코 지역의 선인장류(Euphorbia resinifera)의 레진에서 유래한 천연물인 레시니페라톡신(Resiniferatoxin)이다. 캡사이신보다 1000배나 더 맵다. 최루액으로 쓰는 캡사이신 희석액보다 5000배나 강하니 가히 독극물 수준이다. 그런데 이 독성물질도 충분히 희석하면 통증 완화 물질로 쓸 수 있다. 이와 비슷한 물질로 열대성 식물에서 생기는 티냐톡신(Tinyatoxin)이란 물질이 있는데, 매운맛 강도는 레시니페라톡신의 1/3 정도이다. 자연에는 정말 놀랄 만큼 특이한 물질이 많다.

인도 북동쪽에서 자라는 부트 졸로키아는 스코빌 척도가 100만 SHU에 이를 정도로 상당히 매운 고추이다.
ⓒ Thaumaturgist

캡사이신은 물에 1500만분의 1로 희석해야 매운맛이 사라질 정도로 강력한데, 그렇다고 캡사이신에 특별한 능력이 있어서가 아니다. 아

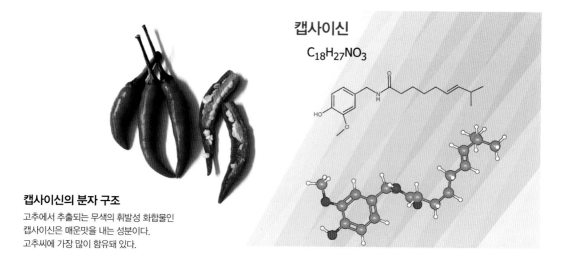

캡사이신

$C_{18}H_{27}NO_3$

캡사이신의 분자 구조

고추에서 추출되는 무색의 휘발성 화합물인
캡사이신은 매운맛을 내는 성분이다.
고추씨에 가장 많이 함유돼 있다.

미노산인 페닐알라닌이 몇 단계의 효소적 변화를 통해 바닐라 향의 주
인공인 바닐린이 되고 거기에 암모니아가 결합한 뒤 또 다른 아미노산
인 발린에서 만들어진 분자와 결합해 만들어진 아민이 결합하고 거기에
발린이 몇 단계의 생화학적 변화를 거친 뒤 합해져 형성된 분자일 뿐이
다. 캡사이신의 특별함은 우연히 우리 몸에서 43℃ 이상의 뜨거움을 감
각하는 TRPV1에 결합하는 능력이 있다는 것뿐이다. 목욕탕에서 견디
기 힘든 열탕의 온도가 43℃인데, 사실상 우리 몸은 43℃ 이상의 경우
온도가 올라가는 속도와 열기의 양을 감지할 뿐 그 이상의 온도를 구별
하는 능력은 없다. 캡사이신은 TRPV1을 열탕의 뜨거운 물보다 빠르고
강력하게 열리게 한다. 그래서 우리 몸은 화상을 입는 것처럼 견디기 힘
든 뜨거움으로 감각한다. 이 온도 수용체는 혀뿐만이 아니라 눈이나 피
부의 민감한 부분에도 있어서 캡사이신이 묻은 손으로 민감한 부위를
만지면 심한 고통을 느낀다. 온도 수용체는 내장에도 있어서 고추를 삼
킨 뒤에도 한참 동안 얼얼한 통증을 느낀다. 이런 TRPV1 수용체는 캡
사이신 외에 장뇌(camphor), 후추의 피페린(piperine), 마늘의 알리신
(allicin) 등에도 반응한다. 그리고 산미료(신맛을 더하는 첨가물), 에탄
올, 니코틴 등은 TRPV1의 반응성을 높여 더 잘 느끼게 한다.

고추가 캡사이신을 만드는 이유

우리는 정말 작은 양의 캡사이신에도 눈물을 흘릴 만큼 매운맛을 느끼는데, 새는 전혀 맵다고 느끼지 않는다. 새의 온도 수용체는 캡사이신과 결합하지 않기 때문이다. 우리는 아스파탐을 달다고 느끼지만, 쥐는 단맛 수용체의 구조가 약간 달라서 아스파탐을 전혀 달다고 느끼지 않는 것과 같다.

1997년 미국 샌프란시스코 캘리포니아대 데이비드 줄리우스 교수 연구팀에서는 TRPV1이 없는 생쥐를 만드는 데 성공했다. 이 쥐는 평소에는 정상 생쥐와 구별이 잘 안 되는데, 캡사이신을 투여하거나 주위 온도를 높였을 때에는 행동에 뚜렷한 차이를 보인다고 한다. 즉, 물에 캡사이신을 탈 경우 정상 쥐는 한 번 마셔보고는 질겁하고 다시는 입을 대지 않는 반면, TRPV1이 없는 이 쥐는 맹물처럼 벌컥벌컥 마신다. 매운맛을 전혀 느끼지 못하는 것이다. 그리고 꼬리를 뜨거운 물에 담그면 정상 쥐는 얼른 꼬리를 빼는 반면, TRPV1이 없는 쥐는 반응이 훨씬 느렸다. 이 실험은 TRPV1이 매운맛이나 열을 감지하는 센서임을 확증하는 동시에 TRPV1이 없다고 열에 대한 감각이 완전히 사라지지 않는 것을 통해서 다른 온도 센서와 협업을 한다는 것을 알 수 있다.

흡혈박쥐는 얼굴에 있는 특별한 기관으로 먹잇감의 위치를 찾는다. 이것이 바로 TRPV1이다. 원래는 43℃가 넘는 고열을 감지해 화상을 예방하는 기능을 하는데, 흡혈박쥐의 TRPV1은 온도가 30℃일 때부터 반응했다. 먹잇감의 체온도 감지할 수 있도록 변형된 것이다. 이처럼 감각은 목적에 따라 여러 가지로 변용하여 쓰이는 것이지 절대적인 것은 없다. 새가 고추를 먹고도 태연한 이유는 새의 TRPV1의 구조가 달라서이다. 조류는 체온이 포유류보다 4℃ 정도 높은 40~44℃이다. 따라서 새의 TRPV1는 높은 온도(46~48℃)에서 작동하도록 구조가 변해 캡사이신과는 결합하지 않는 것이다. 고추가 씨를 퍼뜨려 자손을 늘리려면 동물의 힘을 빌려야 한다. 그런데 포유류와 새 중에서 어느 동물이

캡사이신에 둔감해 고추를 맛있게
먹는 나무두더지.
ⓒ Cymothoa exigua

유리할까. 쥐와 새가 모두 먹을 수 있도록 매운맛이
없는 돌연변이 고추로 실험한 결과 새의 경우 씨가
바로 장을 통과해 배설됐다. 그리고 거의 모든 씨가
싹을 틔웠다. 반면 쥐는 그렇지 못했다. 씨앗까지
손상된 것이다. 더구나 새는 고추씨를 훨씬 넓은 지
역에 퍼뜨렸고 과일나무 덤불 아래 퍼뜨려 고추가
자라는 데 도움을 주었다. 고추에게는 걸어 다니는
포유류보다 날아다니는 조류가 훨씬 좋은 파트너인
셈이다. 따라서 캡사이신은 고추가 불청객인 포유류를 쫓아내려고 만들
어낸 진화의 산물이라고 해석할 수 있다.

그런데 이런 고추의 노력을 물거품이 되도록 만든 동물이 등장
했으니 바로 인류이다. 다른 포유류처럼 고추를 통째로 먹으면 싫어하
지만(물론 좋아하는 사람도 있다), 요리에서 양념으로 희석하여 사용
하면 음식의 맛을 높여준다는 사실을 알아버린 것이다. 흥미롭게도 인
간 말고도 고추 맛을 아는 또 다른 포유류가 있다. 남중국을 포함한 동
남아 일대에 서식하는 작은 포유류인 나무두더지 한 종(학명 *Tupaia
belangeri chinensis*)이다. 우연히 고추를 줘봤는데, 맛있게 먹었다
는 것이다. 나무두더지는 체온이 같아서 TRPV1이 전형적인 포유류의
TRPV1 형태를 띠는데, 고추를 잘 먹는 비밀은 아미노산 서열의 분석을
통해 밝혀졌다. TRPV1에서 캡사이신이 달라붙는 자리에 위치한 579번
째 아미노산이 트레오닌이 아니라 메티오닌이었다. 이 때문에 다른 포
유류에 비해 캡사이신과 결합력이 26배나 약했다. 그러니 매운맛을 약
하게 느껴서 고추를 피하지 않고 먹었던 것이다. 그런데 고추가 동남아
시아에 소개된 것은 300여 년에 불과하다. 고추를 먹기 위해서 진화한
것이 아닌 셈이다. 그리고 나무두더지의 서식지에 있는 후추속(屬) 식
물 한 종(학명 *Piper boehmeriaefolium*)의 열매 성분을 분석하여 그 이
유를 알게 됐다. 그 열매에 캡사이신과 구조가 비슷한 분자가 있었다.
나무두더지는 다른 생쥐보다 이 분자에 2500배나 둔감했다. 그 열매에

적응하는 바람에 고추도 아무렇지 않게 먹을 수 있었던 셈이다.

만약에 사람도 어느 날 갑자기 TRPV1의 유전자를 나무두더지처럼 바꾸면 어떻게 될까? 매운맛을 극복했다고 기뻐할까, 아니면 결정적인 맛의 즐거움 하나를 잃어버렸다고 슬퍼할까? 유전자가위 기술을 동원해서라도 유전자를 치료해 다시 매운맛을 즐길 수 있게 해달라고 할 사람이 많을 것 같다.

서양은 후추, 우리는 고추 선호

중세에 후추 1파운드(약 453g)면 농노 1명을 살 정도로 비쌌고, 그런 향신료를 마음껏 쓸 수 있다는 것은 대단한 재력과 능력을 갖춘 사람을 과시하는 가장 효과적인 수단이 됐다. 그래서 향신료가 한창 인기일 때에는 '양념의 광기'라는 표현이 나올 정도로 향신료를 과하게 사용했다. 그렇게 비싼 향신료를 참기 힘들 정도로 강하게 사용할 수 있다는 것은 그만큼 부와 능력이 넘친다는 증거였고, 손님에게는 귀한 대접을 받는다는 느낌을 확실하게 주었다. 이런 향신료 무역을 독점한 베네치아 상인들의 이윤은 실로 어마어마했다. 그래서 모험가들은 엄청난 부를 불러올 향신료의 새로운 공급원을 찾아 모험을 떠났고, 그런 대탐험들이 암흑기의 유럽을 서서히 깨어나게 했다.

이탈리아의 크리스토퍼 콜럼버스는 후추의 새로운 구입 경로를 확보하기 위해 범선을 타고 항해했다. 1492년에는 본인이 인도라고 착각한 아메리카 대륙(중앙아메리카)에 도착했고, 그곳에서 후추 대신 고추(red pepper)를 발견했다. 기원전 8000~7000년부터 페루 산악지대에서 재배되던 고추가 콜럼버스 덕분에 유럽에 소개됐지만, 다른 향신료와 같은 인기는 끌지 못했다. 고추는 오히려 아프리카, 인도, 중국 남부해안, 마카오, 일본의 나가사키, 필리핀 등으로 전파되어 정착되기 시작했다. 그러고 보면 남미 마야문명이 현대 인류의 식생활에 기여한 것은 아주 많다. 현재 인류가 가장 많이 재배하는 작물인 옥수수의 원산

이탈리아의 탐험가 콜럼버스 일행이 중앙아메리카에 도착하는 장면을 미국 화가 존 밴덜린이 상상해 그린 그림. 이곳은 콜럼버스가 인도라고 착각했고 지금도 서인도제도라 불린다.

© Architect of the Capitol

지이기도 하다. 옥수수는 굉장히 경제적인 작물이다. 1년에 50일만 일하면 거둘 수 있다. 마야문명에서 옥수수는 신들이 사람을 창조했던 원료이며, 자연계 또는 신이 내려준 신성한 선물로 여겼다. 그래서 옥수수 신이 여러 신 중에서 높은 위치를 차지하고 있다. 그 외에 토마토, 초콜릿, 담배 등이 마야문명의 선물인데, 용어에 그 흔적이 있다. 토마토(tomato)는 토마틀(tomatl)에서, 초콜릿(chocolate)은 남부 멕시코 인디오들이 카카오 콩에서 짜내는 음료 쇼칼라틀(xocalatl)에서, 담배(cigar, cigarette)는 '빨다'라는 뜻의 마야어 시가(xigar)에서 각각 유래했다.

그런데 유럽에서는 외국에서 들어온 후추, 담배, 코코아에는 즉시 열광했는데, 왜 고추는 그다지 주목하지 않았을까? 아마 후추에 비해 너무 맵고 향이 부족한 이유가 클 것이다. 서양인은 고기를 많이 먹었고, 고기에는 후추가 잘 어울렸다. 우리는 후추 대신 고추를 사용하다가 최근 고기의 소비가 늘면서 후추의 인기도 높아지고 있다. 그리고 후추는 열매를 간단히 가루로 분쇄해 사용하기 쉬웠는데, 고추는 바로 가루로 만들기 힘들었다. 그래서 고추는 먹기보다는 열매가 열리고 색깔

이 바뀌는 모습이 아름답다고 해서 이탈리아 일부 지역에서는 관상용으로 사용했다고 한다.

토마토를 처음에는 관상용으로 사용했던 것과 비슷하다. 우리나라에 고추가 들어왔을 때 처음에는 호초(후추), 천초(초피나무 열매), 겨자, 마늘 등과 함께 매운맛을 내는 양념 중의 하나로 큰 인기는 없었다. 그러다가 기근과 격변이 집중된 19세기 초반부터 김치를 담글 때 고추가 본격적으로 쓰이기 시작했고 소비가 크게 늘었다. 기근으로 먹을 것과 소금이 부족해지자, 나라에서는 김치에 소금 대신 고추, 마늘, 파, 젓갈 등의 양념을 많이 쓰라고 적극적으로 권유한 것이다. 이것은 당시 가난한 조선의 민중에게 잘 먹혔다. 소금보다 고추, 마늘, 파 등은 구하기 쉬웠고 저렴했다. 문화인류학자 아말 나지는 "잘사는 사람보다 그렇지 못한 사람이 더 맵게 먹는다. 농부와 노동자는 매운 고추 덕에 매일 먹는 밥의 단조로움을 이겨낸다"라고 말한 바 있다.

고추는 특히 경제적이었다. 산초와 후추는 구하기 힘들고 고가라 부담스러웠지만, 고추는 재배하기 쉬워서 매운맛을 내는 다른 향신료에 비해 저렴했다. 그리고 고추는 옥수수, 콩, 쌀과 같은 순하고 전분이 많은 음식을 주식으로 하는 경우에 잘 어울렸다. 더구나 우리 민족은 향을 그다지 좋아하지 않는 편이다. 고기에 비해 밥은 훨씬 향이 약하기 때문에 향신료도 향이 너무 강하거나 독특한 것이 어울리지 않는다. 우리나라에서는 아직도 향이 약하거나 거의 없는 맥주나 소주가 인기인 것을 보면 알 수 있다. 이런저런 이유로 인해 우리나라에서는 후추보다 고추가 훨씬 인기가 있는 향신료가 됐다.

고기에 후추를 뿌리고 있다. 후추는 음식의 풍미를 더하고 육류 특유의 노린내를 제거하는 데 효과적이어서 유럽에서 인기를 끌었다.

매운맛에 빠져드는 이유

우리가 고추를 먹을 때 즉시 작열감을 느끼는 이유는, 고추의 캡사이신이 고온을 감지하는 온도 센서인 TRPV1을 활성화시키기 때문이다. 고추뿐 아니라 겨자와 와사비 등 여러 향신료의 특별한 매력을 설명하는 것은 후각보다 온도감각이다. 대부분의 향신료에는 여러 온도 수용체를 자극하는 물질이 한 가지 이상 들어 있다. 겨자나 와사비의 주성분인 이소티오시아네이트(isothiocyanate), 마늘의 알리신과 디알릴 디설파이드, 시트러스 과일의 시트랄(citral), 생강의 진저롤(gingerol), 타임(thyme, 백리향)의 티몰(thymol), 계피의 신남알데히드(cinnamaldehyde)는 가장 차가운 온도를 감각하는 TRPA1을 자극한다. 그리고 박하의 멘톨(menthol), 장미의 게라니올(geraniol), 유칼립투스의 유칼립톨(eucalyptol)은 시원함을 감각하는 TRPM8을 자극한다. 오레가노(꽃박하), 장뇌, 정향에는 따뜻함을 감각하는 TRPV3을 자극하는 성분이 있다.

향신료는 여러 성분의 합이라 향신료 하나에 몇 종의 온도 수용체를 자극하는 성분이 있고, 마늘의 알리신처럼 차가움을 감각하는 TRPA1과 뜨거움을 감각하는 TRPV1을 동시에 자극하는 성분도 많다. 그런데 가장 차가움을 감각하는 TRPA1과 가장 뜨거움을 감각하는 TRPV1은 뇌에서 연합하는 부위가 많이 겹쳐 잘 구분이 안 되는 감각이기도 하다.

사실 매운맛은 '객기의 맛'이다. 불타는 듯이 빨간 음식은 우리에게 분명 위협적으로 보인다. 그러면서도 유혹적이다. 우리는 왜 눈물 나게 매운 음식을 뻔히 알면서도 먹을까. 더구나 매운맛은 60℃에서 가장 강하게 느껴진다. 맛있기로 소문난 음식점의 매운 음식이 대개 뜨거운 것도 이런 이유에서이다. 그리고 매운 고추를 고추장에 찍어 먹기도 한다. 이렇게 이해하기 힘든 욕망을 설명하는 이론이 '진통작용론'이다. 캡사이신은 동전의 양면과 같아서 처음에는 통증을 일으키지만, 나중에는 진통작용을 한다. 사실 매운맛은 뜨겁지 않은 화상이고, 뇌가 만든 가상의 아픔이다. 고추를 먹으면 캡사이신이 TRPV1을 자극하고 TRPV1이 활성화되면 몸은 화상을 입은 것으로 판단한다. 그리고 뇌는 화상의 고통을 덜어줄 진통 성분인 엔도르핀을 만들어내 몸을 위로할 필요가 있다고 결정한다. 그래서 진통성분이 분비되는데, 실제로는 화

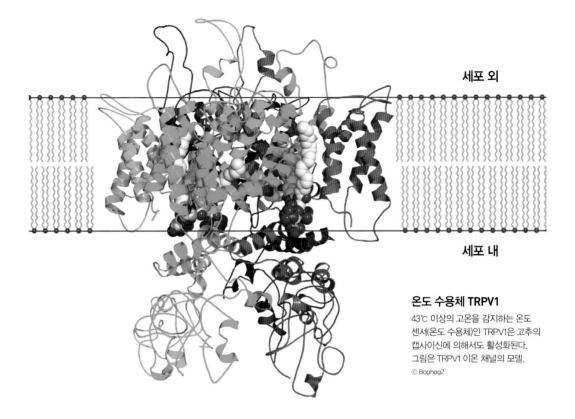

세포 외

세포 내

온도 수용체 TRPV1
43℃ 이상의 고온을 감지하는 온도
센서(온도 수용체)인 TRPV1은 고추의
캡사이신에 의해서도 활성화된다.
그림은 TRPV1 이온 채널의 모델.
ⓒ Boghog2

상을 입은 것이 아니므로 통증은 금방 사라지고 묘한 쾌감이 남는다. 매우 위중한 상황으로 감각했는데, 실제로는 전혀 위험하지 않기 때문에 화끈거리는 느낌이 사라지면 은근한 시원함이 남는 것이다. 즉, 캡사이신이 진통제인 엔도르핀을 분비하게 해서 우리를 중독에 빠지게 만드는 것이다. 매운맛은 중독이다. 세상에서 제일 쉬운 게 금연이라는 농담처럼, 사람들은 매운 음식을 끊었다가 다시 먹기를 반복한다.

마라의 매운맛은 촉각에서 온다?!

요즘에는 색다른 매운맛이 더해졌다. 중국 쓰촨〔四川〕 요리로 대표되는 '마라(麻辣)'이다. 유행의 시작은 몇 해 전 화양동, 대림동, 구로동 등에 새로 형성된 서울 속 '차이나타운'에서부터였다. 중국 동북 지역의 대표 음식인 양꼬치 일색이던 중국인 거리에 쓰촨 중식이 빠른 속도로 퍼졌고, 중국인 거리와 대학가를 중심으로 자리 잡던 마라 요리 전문점은 이제 분식점처럼 흔하게 동네 어귀에까지 생겨나고 있다. 그리

요즘 인기를 끌고 있는 마라 요리에는 국물 요리인
마라탕과 볶음 요리인 마라샹궈가 있다.
사진은 마라탕.

마라 요리의 매운맛을 일으키는
쓰촨 산초(초피나무 열매).

쓰촨 산초가 열리는
초피나무(*Zanthoxylum simulans*).
ⓒ Kenraiz

고 외식업계에선 앞다투어 마라 메뉴를 도입하고 있다. 치킨도 예외가 아니라 '마라핫치킨', 떡볶이에도 마라떡볶이가 등장하기도 했다.

마라란 중국어로 '맵고 얼얼하다'라는 뜻이다. 이 매운 느낌은 우리가 여태 먹었던 매운맛과 다르다. 볶음 요리인 마라샹궈나 샤부샤부인 훠궈의 홍탕과 비슷한 국물 요리인 마라탕 모두 기묘하게 얼얼하다. 무엇이 다른 것일까. 마라에는 기존 향신료에 없는 좀 더 특별한 감각이 있다. 바로 촉각이다. 쓰촨 요리에서 특별한 매운맛의 주역은 쓰촨 산초(초피나무 열매)이고, 이는 우리 산초와 다른 종류다. 이 초피나무 열매에는 3% 정도의 하이드록시 알파 산쇼올(hydroxy alpha sanshool)이 있는데, 이것이 캡사이신의 매운맛과는 다른 '얼얼한 맛(麻)'을 제공한다. 산초가 많이 들어간 음식을 먹다 보면 입술이나 혀, 입천장 등 여러 부위가 저리고 얼얼한 것을 느낄 수 있는데, 산쇼올은 네 가지 촉각 수용체 중에 가벼운 진동을 감각하는 수용체(Aβ and D-hair neurons)를 활성화하기 때문이다. 온도 수용체는 원래 온도에만 반응해야 하는데, 실수로 캡사이신이라는 화학 분자에 반응하는 것처럼, 촉각을 담당하는 수용체가 실수로 물리적인 자극이 아니라 산쇼올이란 화합물에도 반응해 마치 피부가 떨리고 있다고 착각하는 것이다.

2013년 영국의 유니버시티 칼리지 연구팀에서는 산쇼올 성분을 입술에 발랐을 때 초당 50회 진동하는 것과 비슷한 자극이 일어나는 것을 확인했다. 사람들은 시간이 지날수록 동일한 자극을 지루해하고 좀 더 강한 자극을 원하지만, 단일한 자극이 너무 강한 것에는 거부감이 있다. 자극이 복합적일수록 합창이나 오케스트라처럼 풍부하다고 느끼는 것이다. 마라에는 미각과 후각도 있지만, 온각과 촉각마저 있다. 그러니 항상 새로운 자극을 추구하는 인간을 사로잡을 수 있는 것이다.

향신료는 다양한 감각 수용체를 동시에 자극해

사실 향신료는 자체로는 매력이 없다. 육두구(nutmeg), 정향

향신료는 소량만으로도 기존 음식에 새롭고 특별한 맛을 부여한다. 미각, 후각, 온도 감각, 촉각 등 다양한 감각을 일으키는 수용체를 동시에 자극해 맛을 더 강하게 느끼게 하기 때문이다.

(clove) 또는 바닐라빈을 직접 씹어 보면 전혀 맛있거나 즐겁지 않다. 향신료는 대부분 자체로는 떫고 거북하며 얼얼하다. 심지어 과량을 섭취하면 독성도 상당히 있다. 레몬, 오렌지 같은 과일 향, 일부 꽃향기를 제외하면 결코 상쾌하지 않은데, 잘 조합하면 정말 좋은 냄새가 되곤 한다. 인돌(indole)이라는 정말 억울한 분자도 있다. 농도가 높으면 나쁜 냄새를 내지만, 희석하면 백합, 튜베로즈(월하향) 등의 꽃향기가 나기 때문이다. 향료는 향기로운 냄새 물질로만 만들지 않고, 향기로운 냄새 물질마저 원래는 향이 없는 물질로부터 만들어진 것이다.

예전부터 향신료가 식재료 중에 가장 고가이며 대접받는 이유는 영양 때문이 아니고 소량만으로도 아주 새롭고 특별한 맛을 부여했기 때문이다. 밋밋하거나 단지 달거나 짜거나 시큼한 음식에 향신료를 추가하면 순식간에 맛은 강렬해진다. 후추를 직접 몇 입만 먹어도 우리는 숨 쉬는 것까지 의식할 정도로 감각이 깨어난다. 이처럼 향신료의 자극은 강력하고 심지어 유독한 성분도 있다. 이런 향신료를 무독하게 만들 뿐 아니라 아주 맛있는 것으로 탈바꿈하는 간단한 원리가 있는데, 바로 희석이다. 독을 충분히 희석하면 약이 되듯이 향신료도 적절히 희석하고 조화를 시키면 단조로운 식단에 기존에 없던 풍미를 부여해 음식을 더 복합적이고 맛있는 맛으로 변화시킨다.

향신료는 사실 미각, 후각, 온도 감각, 촉각 등 다양한 감각을 일으키는 수용체를 동시에 자극해 맛을 더 강하게 느끼게 한다. 그리고 강한 자극은 맛을 기억하는 데 큰 영향을 준다. 마치 평범한 일상은 기억하지 않고 강한 공포나 쾌감을 유발하는 것을 오래 기억하는 것과 같은 원리이다. 자극은 기억을 유발하고, 기억은 익숙함을 낳는다. 향신료의 강한 맛을 위험한 것으로 생각했지만, 실제로는 그렇지 않다는 것을 알고 즐거운 추억으로 기억하는 것이다. 타는 듯이 매웠는데, 순간적인 착각이었음을 알면 웃으면서 즐길 수 있다. 고추의 캡사이신은 온도 수용체인 TRPV1을 자극할 뿐 아니라 짠맛과 단맛 수용체도 자극한다고 한다. 항우울제 기능도 가지고 있다. 그리고 후추의 피페린은 도파민, 세로토닌, 노르에피네프린처럼 기분을 좌우하는 호르몬을 분해하는 효소 활성을 억제한다. 뇌에서는 이들 호르몬이 높은 수준을 유지해 기분이 좋아진다.

겨자씨 기름에는 알릴이소티오시아네이트(AITC)가 있는데, 이 물질은 쓴맛의 정보를 차단한다. 과도한 짠맛도 약하게 느끼게 한다. 이처럼 향신료는 향을 부여하고 맛을 조화롭게 하므로 좋아하는 데 충분한 이유가 있다고 해야 할 것이다. 요즘 향료와 향신료는 우리의 일상 가까이에 있다. 사용량도 예전과는 비교할 수 없다. 거의 모든 나라의 모든 음식에 향신료가 쓰인다. 그래서 특유의 향으로 다른 문화와의 차이를 만든다. 굳이 그 나라에 가지 않고도 한 끼는 이탈리아의 맛을, 또 다른 한 끼는 태국의 맛을 감상할 수 있게 해준다.

블랙홀 그림자 촬영

손봉원

연세대 천문우주학과에서 학사와 석사학위를 받고, 독일 본대학교에서 전파천문학으로 박사학위를 받았다. 막스플 랑크 전파천문학연구소 리서치 펠로를 거쳐 한국천문연구 원 연구원과 과학기술연합대학원 교수로 재직 중이다. 연 구 분야는 전파간섭계, 특히 초장기선 전파간섭계를 이용 한 활동성 초대형블랙홀 연구이다. 천문학과 과학자, 그리 고 가끔 다른 주제에 대한 칼럼을 쓰고 있다. 한국우주전파 관측망 위상보정 관측기법 개발에 관한 박사학위 논문을 지도한 공로로 과학기술연합대학원 최우수 교수상을 받았 다. 사건지평선망원경(EHT) 프로젝트의 한국책임자를 맡 고 있으며, EHT의 블랙홀 그림자 영상 촬영 공로로 국가과 학기술연구회 이사장상(우수연구그룹)을 받았고 '2020년 브레이크스루 상(기초물리 분야)'을 346명의 동료 연구자 와 함께 수상했다.

블랙홀 그림자, 어떻게 촬영했나?

2019 ISSUE **10**

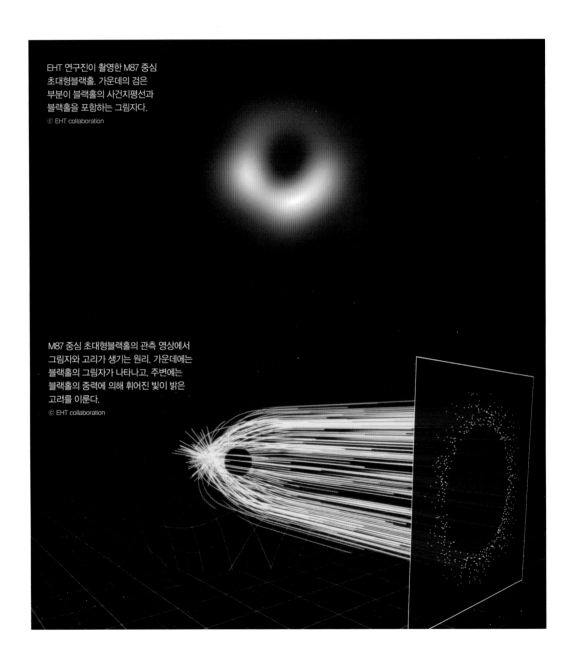

EHT 연구진이 촬영한 M87 중심 초대형블랙홀. 가운데의 검은 부분이 블랙홀의 사건지평선과 블랙홀을 포함하는 그림자다.
ⓒ EHT collaboration

M87 중심 초대형블랙홀의 관측 영상에서 그림자와 고리가 생기는 원리. 가운데에는 블랙홀의 그림자가 나타나고, 주변에는 블랙홀의 중력에 의해 휘어진 빛이 밝은 고리를 이룬다.
ⓒ EHT collaboration

2019년 4월 10일 사건지평선망원경(Event Horizon Telescope, EHT) 프로젝트 소속 연구진에서 인류 최초의 블랙홀 영상을 공개했다. 태양 65억 배의 질량을 가진 초대형블랙홀(혹은 초대질량블랙홀) 주변에 만들어진 '블랙홀의 그림자'였다. 블랙홀의 강력한 중력에 의해 블랙홀 사건지평선 언저리에 만들어진 빛의 고리를 관측한 것이다. 이 블랙홀은 태양계에서 약 5500만 광년 떨어진 타원은하 M87의 중심에 자리하고 있으며, M87은 처녀자리 은하단 중심에 있는 거대타원은하다.

빛을 방출하지 않는 천체인 블랙홀을 망원경으로 직접 볼 방법은 없다. 그러나 블랙홀의 강력한 중력이 사건지평선 주변 빛의 경로를 구부려 만든 블랙홀의 그림자를 통해 우리 눈으로 블랙홀의 존재를 확인할 수 있다. EHT 연구진에서는 EHT라는 지구 크기의 '가상 망원경'으로 블랙홀 그림자를 촬영하는 데 성공했다. 인류는 드디어 이론과 상상 속에 존재하던 블랙홀의 그림자를 직접 봤다. 이 블랙홀 영상이 전달하는 우주의 경이로움 뒤에는 여러 질문이 따른다. 왜 이렇게 멀리 있는 블랙홀을 관측했을까? 우리 은하, 우리 태양계 주변에 있는 블랙홀을 관측할 수는 없을까? 블랙홀은 빛도 탈출할 수 없는데, 여기서 보이는 빛은 어디에서 온 것일까? 지구 크기의 '가상 망원경'은 어떻게 구현됐을까? 앞으로 EHT는 어떤 발견을 하게 될까?

블랙홀 찾기

블랙홀의 존재 가능성을 강력히 시사하는 첫 관측적 증거는 1970년대에 나왔다. 영국 그리니치천문대의 루이스 웹스터와 폴 머딘은 백조자리의 한 청색 초거성(HDE 226868)에 대한 분광 스펙트럼을 관측해 이 별이 가시광선에서는 보이지 않는 무거운 천체와 쌍성계를 이루어 공전운동을 하고 있다는 것을 발견했다. 이 별이 우리 지구로부터 멀어지거나(적색이동) 다가오는(청색이동) 운동을 일정한 주기로 반복하고 있음을 확인한 것이다. 이 공전운동을 분석해서 이 보이지 않는 동반

동반성인 청색 초거성으로부터
물질을 빨아들이는 블랙홀
'백조자리 X-1'의 상상도.
© ESA

성의 질량이 중성자별 상한을 넘는 것으로 추측되어 블랙홀일 가능성이
제기됐다. 그리고 이 쌍성계에서 놀라운 발견이 이어졌다. 블랙홀에 빨
려 들어가는 물질은 블랙홀에 가까워질수록 더 세게 소용돌이를 치며
끌려 들어가는데, 그 과정에서 발생하는 마찰 때문에 강력한 빛을 내게
된다. 별 질량 블랙홀(태양 질량의 100배 정도까지의 블랙홀로, 별 정도
의 질량을 가진 블랙홀이라고도 함)에서는 이런 빛이 X선 영역에서 관
측될 정도로 높은 온도를 가질 것이란 점이 이론적으로 알려져 있었다.

　　인도 천문학자 프랄라드 아그라왈(Prahlad C. Agrawal)을 비롯한
일련의 연구자들은 이 B형 거성 주변을 X선으로 관측해 놀라운 결과를
얻었다. 관측된 X선은 청색 초거성 관측 결과와 같은 주기로 밝기가 변
하는데, 서서히 어두워지고 밝아지는 것이 아니라 마치 디지털 신호처
럼 순식간에 최대 밝기에 도달하고, 어두워지는 것도 순식간임을 보여
주었다. 이렇게 특이한 밝기 변화는 아주 크기가 작은 천체가 초거성 뒤
에 숨었다가 나타나는 것으로 해석할 수 있다. 크기가 작아 보이기 시작

하면 순식간에 최대 밝기(천체 전체가 다 보임)에 도달하고 어두워질 때 역시 순식간에 동반성(청색 초거성)의 뒤로 사라지는 것이다. 그리고 X선에서 밝게 보이는 것은 블랙홀로 빨려 들어가는 물질의 온도가 매우 높다는 증거이다. 이 백조자리 X선 천체(Cygnus X-1)는 블랙홀의 존재 가능성이 관측으로 확인된 첫 사례여서 1970년대에 이번 EHT 관측에 못지않은 큰 관심을 받았다. 1970년대 활동하던 유명 록 그룹 '러시(Rush)'에서 자신들의 앨범 'A Farewell to Kings'의 타이틀곡을 Cygnus X-1에 헌사하기도 했다.

캐나다 록 그룹 '러시'의 앨범 'A Farewell to Kings'. 타이틀곡은 백조자리 X-1에 헌사됐다.
© 손봉원

멀리 있는 블랙홀이 더 잘 보인다?!

2015년 발견된 중력파 방출 블랙홀은 쌍성계를 이루는 두 천체가 모두 블랙홀이었고 질량은 각각 태양의 36배와 29배였다. 이 둘이 합쳐져서 태양의 62배 질량의 블랙홀이 되고 나머지는 에너지로 우주에 방출됐다(이 중력파 방출 천체의 이름은 GW150914이다). 백조자리(Cygnus) X-1 블랙홀의 질량은 태양의 15배 정도로 알려져 있다. GW150914는 태양계로부터 13억 광년 떨어져 있는 것으로 보고됐다. 백조자리 X-1이 겨우 6200광년(!) 떨어져 있는 것을 생각하면, 질량은 네 배 차이가 나지만 거리가 비교할 수 없이 차이 나므로 블랙홀 주변을 자세히 살펴보기에는 백조자리 X-1이 유리하다. 그런데 EHT가 관측한 M87은 5400만 광년 떨어져 있다. 왜 백조자리 X-1보다 거의 9000배 멀리 있는 블랙홀의 관측이 더 쉬울까? 가까운 백조자리 X-1을 놔두고 훨씬 멀리 있는 블랙홀을 관측하려고 했을까? 이를 이해하려면 블랙홀의 성질을 알아야 한다.

질량이 1000배 차이 나는 눈덩이 두 개를 상상해보자. 이 두 눈덩이는 부피는 1000배, 크기(예를 들어 눈덩이의 반지름)는 열 배 차이가 난다. 크기가 열 배 차이가 나므로 1000배 더 무거운 눈덩이를 열 배 더 먼 거리에서 보면 가벼운 눈덩이와 같은 크기로 보일 것이다. 여기에서

처녀자리 은하단 중심에 있는
거대타원은하 M87. 이 은하
중심부에는 초대형블랙홀이
자리하고 있다.
ⓒ ESA

중요한 가정은 눈덩이의 밀도가 일정하다는 점이다. 이 가정이 통하는
경우 질량은 1000배 차이인데, 크기는 겨우 열 배 차이가 나는 것이다.
밀도가 일정하면 부피는 크기의 세제곱에 비례하므로 이는 당연한 결
과다. 왜 당연한 이야기를 꺼냈을까? 이 가정이 블랙홀에서는 당연하지
않기 때문이다. 다시 블랙홀로 돌아가자. 블랙홀의 밀도가 일정하다고
가정하고(물론 이것은 틀린 가정이다!) 겉보기 크기가 백조자리 X-1과
같은 블랙홀이 M87이 있는 거리에 있다면, 지금 위치보다 9000배 더
멀리 있게 되므로 그 질량은 태양 질량의 10조 배를 넘게 된다! 이것은
M87 블랙홀의 알려진 질량인 태양의 65억 배보다 1500배 이상 큰 값
이다. 왜 이런 큰 차이가 생길까? 이 질문에 답하기 위해서 먼저 생각해

봐야 할 문제가 있다. 블랙홀의 크기는 어떻게 정(의)할까? 아인슈타인이 일반상대성이론을 발표하고 얼마 지나지 않아서 슈바르츠실트는 아인슈타인의 상대성이론을 이용해 우주에 엄청난 중력을 가진 특이점이 존재할 수 있다는 것을 보였다. 이 특이점으로부터 빛도 탈출할 수 없는 거리를 '슈바르츠실트 반지름'이라고 하는데, 이것이 블랙홀의 사건지평선이다. 사건지평선 안쪽은 우리가 아무런 정보를 얻을 수 없는 영역이므로 블랙홀의 크기를 사건지평선, 즉 슈바르츠실트 반지름으로 정하는 것은 합당하다고 할 수 있다.

슈바르츠실트 반지름은 $R=2GM/c^2$(G는 만유인력 상수, c는 빛의 속도)이라는 아주 간단한 식으로 나타낼 수 있다. 이 식은 블랙홀의 질량 M과 크기(여기서는 반지름) R가 비례한다는 중요한 사실을 알려준다($R \propto M$). 먼저 이야기한 눈덩이의 경우에는 질량과 부피(V)가 비례한다. 부피는 크기의 세제곱에 비례하므로 앞에서 설명한 눈덩이는 $R^3 \propto M$의 비례식을 따른다. 여기에서 아주 흥미로운 블랙홀의 특징을 알 수 있다. 블랙홀은 질량이 클수록 부피가 어마어마하게 부풀어 오른다는 것이다.

이제 다시 백조자리 X-1과 M87로 돌아가자. 태양 15배의 질량을 가진 백조자리 X-1 블랙홀은 태양계에서 겨우(!) 6200광년 떨어진 가까운 거리에 있다. 거대타원은하 M87은 5400만 광년이나 떨어져 있지만, 태양 질량의 65억 배인 블랙홀의 덩치는 엄청나게 부풀어 있어서 백조자리 X-1 블랙홀보다 훨씬 크게 보인다. 구체적으로는 5만 배가량 더 크게 보인다. 크게 보인다고는 하지만, M87 블랙홀의 사건지평선 크기는 20 마이크로 각초 수준이다. 1 마이크로 각초는 100만분의 1″(각초)이다(1″는 3600분의 1°). 사건지평선망원경은 M87과 함께 우리은하 중심에 있는 초대형블랙홀도 관측했다. 이 블랙홀은 태양의 약 400만 배의 질량을 가지고 있고 태양계로부터의 거리는 3만 광년에 조금 못 미치는 것으로 알려져 있다. 태양계에서 보면 우리 은하 중심 블랙홀(Sgr A*, 즉 궁수자리에서 가장 밝은 전파원이자 블랙홀)의 사건지평선

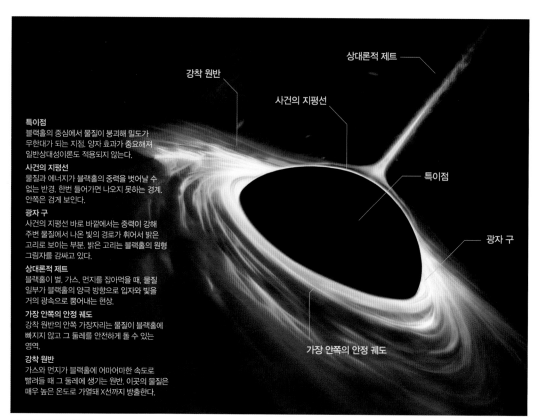

특이점
블랙홀의 중심에서 물질이 붕괴해 밀도가 무한대가 되는 지점. 양자 효과가 중요해져 일반상대성이론도 적용되지 않는다.

사건의 지평선
물질과 에너지가 블랙홀의 중력을 벗어날 수 없는 반경. 한번 들어가면 나오지 못하는 경계. 안쪽은 검게 보인다.

광자 구
사건의 지평선 바로 바깥에서는 중력이 강해 주변 물질에서 나온 빛의 경로가 휘어서 밝은 고리로 보이는 부분. 밝은 고리는 블랙홀의 원형 그림자를 감싸고 있다.

상대론적 제트
블랙홀이 별, 가스, 먼지를 잡아먹을 때, 물질 일부가 블랙홀의 양극 방향으로 입자와 빛을 거의 광속으로 뿜어내는 현상.

가장 안쪽의 안정 궤도
강착 원반의 안쪽 가장자리는 물질이 블랙홀에 빠지지 않고 그 둘레를 안전하게 돌 수 있는 영역.

강착 원반
가스와 먼지가 블랙홀에 어마어마한 속도로 빨려들 때 그 둘레에 생기는 원반. 이곳의 물질은 매우 높은 온도로 가열돼 X선까지 방출한다.

그림 내 라벨: 상대론적 제트, 강착 원반, 사건의 지평선, 특이점, 광자 구, 가장 안쪽의 안정 궤도

블랙홀은 중심에 밀도가 무한대인 '특이점'이 있고, 특이점 부근에 빛조차 탈출하지 못하는 '사건의 지평선'이 있다. 비록 블랙홀 자체는 어둡지만, 주변의 물질을 빨아들이면서 원반이나 제트를 형성하고 여기서 다양한 빛(X선, 전파 등)을 방출한다.
© ESO

크기가 M87보다 조금 더 크다. 그런데 왜 EHT 연구팀에서는 M87의 영상을 먼저 공개했을까? Sgr A* 관측이 더 어려웠던 걸까? 이 문제는 잠시 후 다루기로 하자.

한편 여러 문헌, 기사에서 초대형블랙홀, 초거대블랙홀, 초거대질량블랙홀, 초대질량블랙홀 등의 용어가 혼재하여 쓰이는데, 블랙홀의 질량과 크기는 비례한다는 점을 고려하면 모두 가능한 표현이라고 할 수 있다.

활동성 은하핵은 초대형블랙홀의 보금자리

초대형블랙홀이 우리 은하에 있는 가벼운(별 정도의 질량을 가진) 블랙홀보다 관측하기 쉬울 수 있다는 것을 앞에서 설명했다. 이는 겉보

기 크기에 따른 예측인데, 그렇다면 모든 초대형블랙홀은 다 관측하기 쉬울까? 우리는 사건지평선 안쪽을 볼 방법이 없다. 사건지평선 바깥에서 블랙홀의 강한 중력 때문에 일어나는 일을 관측하는 것이 블랙홀을 확인하고 연구하는 방법이다. 중력파, X선 쌍성, EHT 관측 모두가 그렇다. 블랙홀의 그림자를 촬영하는 EHT 프로젝트는 강력한 광원(빛샘)이 블랙홀 가까이, 사건지평선에서 멀지 않은 곳에 있는 초대형블랙홀이 필요하다. 광원은 블랙홀에 가까이 있으면서 광도는 가능한 한 강해야 한다. 그래야 선명한 블랙홀(그림자) 영상을 얻을 수 있다. 블랙홀은 크게 두 가지 방법으로 빛을 방출한다. 블랙홀로 빨려 들어가는 물질이 마찰하면서 방출하는 빛과, 제트라는 형태로 상대론적 속도(광속에 가까운 속도)로 에너지를 방출하면서 내는 빛이다.

효과적으로 물질을 빨아들이는 블랙홀은 원반 형태의 테를 갖고 있으며, 이 테를 거쳐 물질이 유입되고 마찰에 의한 열로 이 원반이 밝게 빛나는 것이다. 지구에 운석이 떨어지거나 인공위성이 추락할 때 엄청난 소리, 열, 빛을 내는 것을 생각하면 블랙홀로 빨려 들어가는 물질도 사건지평선에 다가가기 전에 엄청난 에너지를 방출할 것임을 이해할 수 있다. 모든 은하의 중심에는 적어도 한 개의 초대형블랙홀이 있는데, 그들 중 일부(10% 정도)는 블랙홀로의 물질 유입이 활발해 블랙홀의 원반(강착원반이라고 한다)이 밝게 빛나는 단계에 있다는 것이 알려져 있다. 은하의 크기에 비하면 아주 작은 이 원반의 밝기가 은하 전체의 밝기를 능가하기도 한다. 이렇게 중심부가 은하 전체의 밝기에 비해 매우 밝은 은하를 '활동성 은하', 그 중심부를 '활동성 은하핵'이라고 한다. 따라서 활동성 은하핵은 블랙홀 그림자를 관측할 수 있는 좋은 대상이다.

활동성 은하핵은 초대형블랙홀의 존재가 알려지기 전부터 관측으로 확인된 것이다. 활동성 은하핵 중 일부(아마도 10% 정도)는 원반 외에도 아주 특별한 구조를 보여주고 있다. 이들은 블랙홀로부터 강력한 에너지 방출을 보여주는데, 이를 '활동성 은하핵의 제트'라고 한다. 이 제트는 상대론적 속도의 전자−반전자 혹은 전자−양성자와 자기장으로

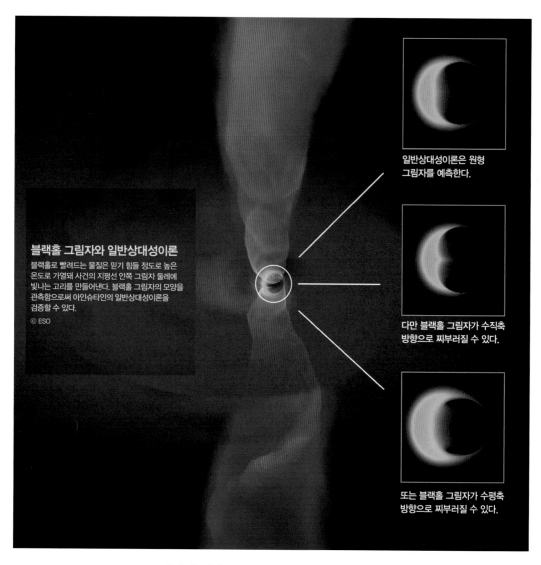

블랙홀 그림자와 일반상대성이론
블랙홀로 빨려드는 물질은 믿기 힘들 정도로 높은
온도로 가열돼 사건의 지평선 안쪽 그림자 둘레에
빛나는 고리를 만들어낸다. 블랙홀 그림자의 모양을
관측함으로써 아인슈타인의 일반상대성이론을
검증할 수 있다.
© ESO

일반상대성이론은 원형
그림자를 예측한다.

다만 블랙홀 그림자가 수직축
방향으로 찌부러질 수 있다.

또는 블랙홀 그림자가 수평축
방향으로 찌부러질 수 있다.

구성되어 있다. 이 제트가 강착원반에서 출발하는지, 블랙홀에서 출발
하는지, 또는 이 두 가지 방식이 한 천체에 함께 나타나기도 하는지 밝
혀야 한다. 상대론적 제트는 현대 천문학과 천체물리학의 중요한 연구
주제이다. 활동성 은하핵의 뜨거운 원반 안쪽과 상대론적 제트 기저(시
작점)는 블랙홀 사건지평선에 가깝게 있으며 강력한 광원이다. 게다가
블랙홀은 질량이 크기와 비례하므로 멀리에서도 관측할 수 있다는 장점
이 있다. 원반과 제트 중 어느 쪽이든 블랙홀의 그림자를 만드는 광원이

될 수 있다. 활동성을 가진, 즉 밝게 빛나는, 초대형블랙홀 중에 그래도 태양계에서 지구만 한 망원경으로 사건지평선 주변을 볼 수 있는 천체는 현재로는 둘이다. M87과 우리은하 중심이다. 그 외의 초대형블랙홀들은 사건지평선을 보기에는 너무 멀거나 충분히 밝지 않다. 다른 목적의 연구에는 유용할 수 있지만, 사건지평선 관측에는 적당하지 않다. 적어도 현재 인류가 가진 기술로는 그렇다. 인류가 구현할 수 있는 최대의 분해능이 20 마이크로 각초 수준이고 관측 감도도 그다지 높지 않기 때문이다. 그런데 일반적인 망원경으로 우리가 익숙한 가시광선을 관측해서는 20 마이크로 각초의 분해능을 얻을 수 없다. 이렇게 높은 분해능을 얻으려면 전파간섭계라는 특별한 가상 망원경을 사용해야 한다. 이 문제는 다음에 다루기로 하자.

우리 은하 중심보다 M87 중심 블랙홀을 먼저 공개

왜 M87 중심의 영상이 '먼저' 공개됐을까? 블랙홀이 질량 외에 가질 수 있는 특징은 회전이다. 정지한 블랙홀도 있을 수 있고 회전하는 블랙홀도 있을 수 있다. 태양계의 천체들이 뭉치며 그러했던 것처럼 블랙홀도 블랙홀로 빠지는 물질의 각운동량이 보존되기 때문에 회전(자전)을 하고 있는 경우가 많을 것이다. 그리고 피겨 스케이트 선수가 회전속도를 높이기 위해서 팔을 몸 가까이 붙이는 것처럼 각운동량을 가진 물체가 블랙홀로 끌려가면 회전속도는 빨라질 것이다. 사건지평선 너머의 일은 알 수 없지만, 사건지평선 부근은 특수상대성이론이 적용되어 빛보다 빠르게 움직일 수 없다는 사실은 알 수 있다. 회전하는 속도가 같다면 큰 블랙홀이 한 바퀴 도는 주기는 작은 블랙홀의 주기보다 길다. 원의 둘레가 지름에 비례해서 커지기 때문이다.

M87 중심 블랙홀은 Srg A*보다 1500배가량 무겁기 때문에 한 바퀴 도는 주기가 1500배가량 길다. 예를 들어 Srg A*가 한 바퀴 도는 데 한 시간 걸린다면, M87 중심 블랙홀은 같은 속도로 한 바퀴 도는 데

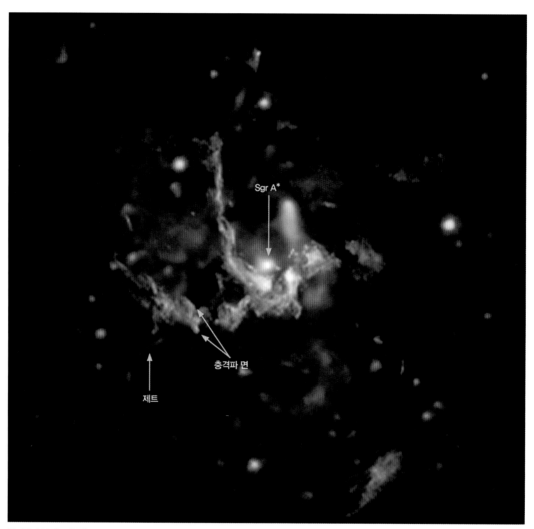

Sgr A*

충격파 면

제트

우리은하 중심부에 있는
초대형블랙홀 Sgr A*. 찬드라
X선 우주망원경과 전파망원경
배열(VLA)로 관측한 영상을
합성했다.
© NASA/NRAO

1500시간(62일), 즉 두 달이 넘게 걸린다. 블랙홀 주변의 밝기가 블랙홀이 원인이 되어 변한다면 그 변화 속도는 블랙홀의 자전 속도와 관련이 있을 것으로 추측된다. 만약 Srg A*가 빛의 속도로 자전하고 있다면 (그렇게 빨리 자전하고 있는지는 아직 확인되지 않았다.) 한 바퀴를 도는 데 겨우 4분 정도의 시간이 걸릴 것이다. 이에 비해 M87 중심 블랙홀은 빛의 속도로 한 바퀴 도는 데 4.2일 정도 걸릴 것이다.

좋은 천체 영상을 얻기 위해서는 긴 노출 시간이 필요하다. EHT

도 하루 종일, 천체가 하늘에 보이는 시간 동안, 노출한 관측을 합쳐서 영상 하나를 얻는다. 이 방식으로 M87에서 블랙홀 그림자 영상을 찍을 수 있었다. 그런데 관측 대상의 모습이 수시로 변한다면 노출을 길게 하면 오히려 영상의 품질이 떨어지게 된다. Srg A*에서는 그런 일이 벌어지고 있다. Srg A* 관측에서 또 한 가지 어려운 점은 우리 은하 중심 방향에 빛의 산란을 일으키는 성간물질이 밀집해 있다는 점이다. 이 산란은 관측 자체를 어렵게 만든다. 뿌연 얼룩이 가득한 유리창 너머 빠르게 돌고 있는 회전목마를 긴 노출 시간을 주고 촬영하는데, 그 유리창의 얼룩이 천천히 변한다고 생각해 보라. 회전목마를 제대로 찍을 수 없을 것이다. 이 두 가지 난관 속에서도 EHT 연구팀에서는 우리 은하 중심 블랙홀 Srg A*의 영상을 얻고자 노력을 기울이고 있다.

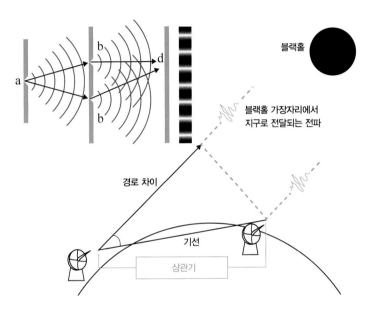

간섭계 망원경의 원리

EHT 관측에 사용된 전파간섭계 망원경의 원리를 이해하려면, 영의 간섭 실험을 이해해야 한다. 간섭현상이란 빛이 보강되거나 상쇄되는 현상을 말하는데, 결이 맞는 빛이 합쳐서 강해지는 현상을 보강간섭이라고 하며, 결이 맞지 않는 빛이 만나 약해지는 현상을 상쇄간섭이라고 한다. 19세기 초 영국의 물리학자 토머스 영은 빛이 파동의 성질을 가졌는지 확인할 기발한 실험을 고안했다. 광원에서 나온 빛을 중간에 암막을 놓고 그 암막에 두 개의 바늘구멍(슬릿)을 뚫어 통과할 수 있게 했으며, 그 뒤에 스크린을 두어 두 바늘구멍을 통해 나온 빛을 비추어 보았다. 빛이 소리나 파도와 같은 파동의 성질을 가지고 있다면, 광원에서 동시에 출발한 빛이 두 바늘구멍을 거쳐 나와 스크린에서 다시 만

**영의 이중 슬릿 실험과
초장기선 전파간섭계(VLBI)**

광원(a)에서 출발한 빛이 두 개의 슬릿(b, c)을 지나면 스크린(d)에 어둡고 밝은 부분이 반복되는 간섭무늬가 나타난다. 이와 비슷한 원리를 이용한 것이 초장기선 전파간섭계(VLBI)이다.

날 때까지 지나온 경로의 차이가 있어 간섭이 일어난다. 경로 차이가 파장의 배수와 일치하는 지점마다 빛의 결(위상)이 맞아 밝은 지점이 생긴다. 이를 '보강간섭'이라고 한다. 그 밝은 지점 사이에는 빛의 위상이 반대로 어긋나는데, 여기에 어두운 지점이 나타난다. 이를 '상쇄간섭'이라고 한다. 이렇게 밝은 지점과 어두운 지점이 교대로 스크린에 보이는데, 이런 빛 무늬를 '간섭무늬'라고 한다.

이 간섭무늬는 바늘구멍 사이의 거리에 따라서 달라진다. 바늘구멍 사이의 거리가 멀수록 간섭무늬는 촘촘해지고, 가까울수록 성기게 변한다. 광원이 하나가 아니라 둘이면 어떻게 될까? 빛의 파장을 λ라고 하고 바늘구멍 사이의 거리를 d라고 하면, 암막에서 광원을 바라봤을 때 두 광원이 λ/d보다 가깝게 있다면 하나의 광원으로 보이고, 그보다 떨어져 있다면 두 개의 광원으로 나뉘어 보이며 스크린에는 두 개의 광원이 만들어낸 간섭무늬가 중첩되어 나타난다. λ/d는 망원경의 분해능 λ/D와 유사한데, 여기에서 D는 망원경의 크기(구경)이다. 망원경의 분해능이란 가까이 있는 두 광원을 '분해(구별)해 볼 수 있는 능력'이다. 가까운 물체를 구별할수록 분해능이 '높다'고 하며, 분해능은 높을수록 작은 값을 가진다. 여기서 암막의 바늘구멍 사이의 거리가 망원경의 구경과 유사하게 물체를 구별할 수 있는 능력(분해능)에 관련됨을 알 수 있다. 이는 간섭계 망원경에서 중요하다.

다시 광원 문제로 돌아가자. 광원의 수가 더 늘어난다면 어떻게 될까? 다수의 광원이 분포되어 있다면 다수의 간섭무늬가 중첩된 복잡한 무늬가 스크린에 나타날 것이다. 광원과 스크린의 무늬 사이에는 프랑스 수학자의 이름을 딴 푸리에 변환 관계가 성립한다. 광원의 분포(즉 광원의 모양)에 대해 푸리에 변환을 하면 스크린의 간섭무늬를 얻을 수 있고, 간섭무늬에 대해 푸리에 역변환을 하면 광원의 분포를 알 수 있다. 그런데 왜 직접 망원경으로 대상을 관측하지 않고 이렇게 복잡하게 광원의 분포(관측 대상의 모습, 천체의 영상)를 얻으려 할까?

구조적으로 10m 이상의 크기를 가진 광학망원경을 만드는 것은

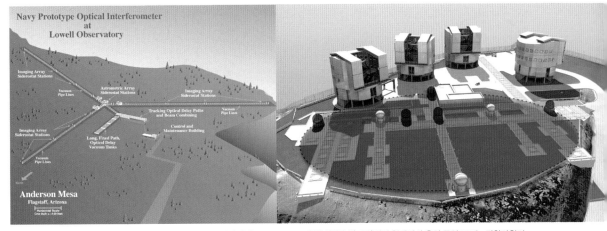

250m 길이의 팔 세 개가 Y 자 모양으로 펼쳐진 마이컬슨 별 간섭계인
미국 해군 정밀 광학간섭계
ⓒ NPOI

유럽남천문대(ESO)에서 칠레에서 운영 중인 VLT는 광학망원경
총 여덟 대로 최대 200m 구경의 망원경을 구현하고 있다.
ⓒ ESO

거의 불가능하다. 지금 건설 중인 차세대 초대형 광학망원경(예를 들어
GMT, TMT, ELT 등)은 조각 거울을 붙여 큰 구경을 만드는데, 그 크기
역시 수십 m로 제한되어 있다. 빛의 간섭현상을 이용하면 물리적으로
떨어져 있는 망원경을 연결해 높은 분해능을 구현할 수 있다. 이렇게 간
섭현상을 이용한 관측장비를 간섭계라고 한다. 19세기 말 폴란드 출신
유대계 미국인 물리학자 앨버트 마이컬슨이 빛의 간섭현상을 이용한 광
학 관측기기, 즉 간섭계를 고안했다.

간섭계는 크게 두 가지 용도로 사용됐다. 한 용도는 정밀한 길이
측정이다. 암막과 스크린의 거리를 늘이면 간섭무늬 사이를 성기게 만
들 수 있는데, 간섭무늬 사이의 거리를 측정하면 직접 길이를 측정하
는 것보다 정밀하게 길이와 길이의 변화를 측정할 수 있다. 에테르의 존
재를 검증하려 했던 마이컬슨–몰리 실험이나 중력파를 찾아낸 라이고
(LIGO) 및 버고(Virgo)의 실험에서는 정확한 길이(또는 길이의 변화)를
측정하기 위해 빛의 간섭계를 사용했다. 이들 실험은 바늘구멍이 있는
암막과 스크린 사이의 거리를 특별한 장치를 이용해 아주 길게 늘여서
에테르(마이컬슨–몰리 실험)와 중력파(라이고 및 버고)를 검출하는 데
사용한 것이었다.

사건지평선망원경(EHT)

전 세계 여덟 개의 전파망원경을 연결한 네트워크

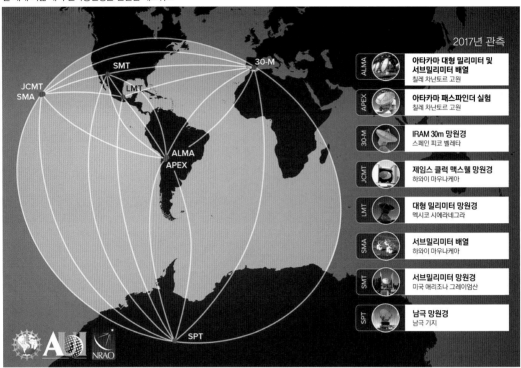

2017년 관측

ALMA	**아타카마 대형 밀리미터 및 서브밀리미터 배열**	칠레 차난토르 고원
APEX	**아타카마 패스파인더 실험**	칠레 차난토르 고원
30-M	**IRAM 30m 망원경**	스페인 피코 벨레타
JCMT	**제임스 클럭 맥스웰 망원경**	하와이 마우나케아
LMT	**대형 밀리미터 망원경**	멕시코 시에라네그라
SMA	**서브밀리미터 배열**	하와이 마우나케아
SMT	**서브밀리미터 망원경**	미국 애리조나 그레이엄산
SPT	**남극 망원경**	남극 기지

© NRAO/AUI/NSF

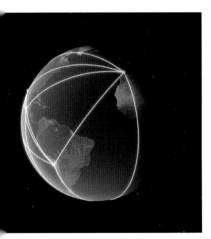

지구만 한 크기의 전파간섭계 EHT.
© ESO

다른 하나의 용도는 망원경의 분해능을 높이는 것이다. 마이컬슨은 간섭계를 망원경의 분해능을 높이는 데 활용할 수 있다는 점을 깨달았다. 일반적으로 별은 멀리 있어서 망원경으로 구조를 분해해 볼 수 없는 점광원(點光源)이라고 가정한다. 그런데 이미 20세기 초 앨버트 마이컬슨과 프랜시스 피스는 별 간섭계로 몇몇 별의 크기를 측정해 발표했다. 그들이 사용한 간섭계의 분해능은 당시 최대 구경의 망원경보다 더 크지는 않았지만, 두 개의 작은 망원경을 사용하는 것이 큰 망원경 하나를 사용하는 것보다 대기 교란에 의한 시상을 제거해 높은 분해능을 얻는 데 유리했다. 이 덕분에 그들은 큰 망원경 하나로 측정할 수 없었던 별의 크기를 측정할 수 있었다. 물론 간섭계는 빛을 모으는 면적이 줄어 감도가 떨어지기 때문에 간섭계 기술은 밝은 천체로 적용이 제한된다. 현재 가장 긴 기선(基線)을 가진 마이컬슨 별 간섭계는 미국 해군 정밀 광학간섭계(NPOI)로 Y 자 모양으로 펼쳐진 세 개의 팔 각각이

250m이다. 또한 유럽남천문대(ESO)에서 칠레에서 운영 중인 VLT는 4기의 8.2m와 이동할 수 있는 1.8m 망원경 4기를 연결하여 최대 200m 구경의 망원경에 해당하는 분해능을 구현하고 있다.

왜 전파간섭계인가?

망원경의 분해능(λ/D)과 간섭계의 분해능(λ/d)은 닮은꼴이다. 같은 구경의 망원경을 사용한다면 파장이 가시광선보다 수천 배 이상 긴 전파로 관측할 때 그만큼 분해능이 떨어진다. 간섭계에서도 그럴까? 바늘구멍에 해당하는 두 망원경의 떨어진 거리가 같다면 맞다. 앞에서 설명한 간섭계는 떨어져 있는 복수의 망원경으로 받은 빛을 정밀하게 고안한 장치로 모아 간섭무늬를 비추어 보는 기기이다. 간섭계는 단일 망원경이 가지는 구조적 한계(수십 m 이상의 단일경 망원경 건설은 어려움)를 너머 수백 m 떨어진 망원경을 연결해 열 배 이상의 분해능을 구현했다. 그러나 이 기술 역시 그 이상 떨어진 망원경을 연결하기는 어렵다. 빛의 경로를 정밀하게 유지하기 어렵기 때문이다.

그런데 전파는 적외선, 가시광선, 자외선, X선, 감마선처럼 파장이 짧은 빛과 다른 한 가지 중요한 특징이 있다. 전파는 정밀한 시계를 이용하면 파장의 위상을 정확하게 기록할 수 있다. 그러나 전파보다 파장이 짧은 빛의 위상은 양자역학적 한계 때문에 기록할 수 없다. 빛의 위상을 기록할 수 있다는 것이 어떤 의미가 있을까? 빛의 위상을 기록할 수 있다면 빛을 관측 순간에 관측 장소에서 모아서 스크린에 비추어 간섭무늬를 만드는 과정에 변화를 줄 수 있다. 전파 신호를 정확한 시각 정보와 함께 기록할 수 있다면 간섭계를 만드는 데 두 가지 자유가 생긴다. 먼저 간섭계를 구성하는 망원경으로 관측한 전파 신호를 기록하므로 간섭무늬를 만드는 과정을 원하는 시간에 처리할 수 있게 된다. 이때 두 망원경에 들어온 전파 신호로부터 간섭무늬를 만드는 과정은 나중에 컴퓨터가 맡는다. 기록과 간섭무늬 만들기를 원하는 시간에 할 수 있

전파간섭계 개발에 기여한 공로로 노벨물리학상을 받은 영국의 마틴 라일을 2009년 기념하여 영국에서 발행된 우표.

다는 것은 망원경이 물리적으로 연결되어 있지 않아도 간섭계를 관측할 수 있다는 것을 의미한다. 어디에 있는 망원경이든 동시에 관측해 정확한 시각정보를 함께 기록해두면 된다.

또한 망원경의 분해능(λ/D; D는 망원경의 구경)과 간섭계의 분해능(λ/d; d는 간섭계를 구성하는 망원경 사이의 거리)이 유사하다는 것을 고려하면, d를 지구 크기로 확장해 지구만 한 크기의 망원경이 가지는 분해능을 얻는 것이 가능하다. 이렇게 지구의 여러 대륙에 있는 망원경으로 구성하는 전파간섭계를 '초장기선 간섭계(Very Long Baseline Interferometer, VLBI)'라고 한다. 기선(baseline)은 망원경 사이의 거리를 뜻한다. 여기에서 수백 m의 기선을 가진 광학간섭계(마이컬슨 별 간섭계)와 지구 직경에 가까운 기선 길이를 가진 VLBI 중 어느 쪽의 분해능이 더 높을까? 간단한 계산을 해보자. 마이컬슨 별 간섭계의 기선을 100m, VLBI의 기선을 1만 km라고 하면, 광학과 전파 두 간섭계 기선의 비율은 약 10만 배가 된다. 1cm 파장의 전파와 500nm 파장(녹색)의 가시광선을 비교하면, 파장이 약 2만 배 차이 나므로 전파간섭계의 분해능은 광학간섭계보다 다섯 배 우수하다.

사건지평선망원경은 관측에 사용한 전파의 파장이 1.3mm이므로 앞의 계산을 따른다면 광학간섭계보다 40배가량 우수한 분해능을 가지고 있다. 일반적으로 광학간섭계에서 상대적으로 다루기 쉬운 적색 혹은 적외선을 간섭계에 이용하는 점을 고려하면, 초장기선간섭계가 가진 분해능의 우위는 더욱 확실하다. 위상정보를 기록하는 전파간섭계의 경우 위상정보 없이 단순히 두 망원경에서 온 신호를 더한 뒤 곱하는 방식의 광학간섭계와 비교할 때 신호 대 잡음 비가 월등히 우수한 또 한 가지 중요한 장점이 있다. 이런 전파가 가진 장점 때문에 천문학 관측 분야의 간섭계는 전파천문학을 중심으로 발전해왔다. 1974년 영국의 천문학자 마틴 라일은 전파간섭계 개발에 기여한 공로로 노벨물리학상을 받았다.

전파간섭계의 장점은 지구의 크기라는 한계를 뛰어넘는 망원경

EHT로 촬영한 M87 중심 초대형블랙홀의 복원 전 영상.
© EHT Collaboration

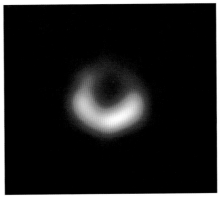

EHT로 촬영한 M87 중심 초대형블랙홀의 복원 후 영상.
© EHT Collaboration

도 가능케 한다. 인공위성에 탑재된 전파망원경을 활용하면 간섭계의 분해능은 더욱 높아질 수 있다. 1997년 일본에서 쏘아 올려 2005년까지 운영했던 위성 '하루카(HALCA)'와 최근에 퇴역한 러시아의 위성 '라디오아스트론(RadioAstron)'은 탑재된 전파망원경으로 지구의 전파망원경과 함께 초장기선간섭계를 구성해 성공적으로 관측을 수행한 바 있다.

블랙홀 영상처리는 따로 또 같이

EHT를 지구 크기의 가상의 망원경이라고 하는데, 한 가지 주의할 점이 있다. 이 가상의 망원경은 구경이 지구만큼 크지만, 경면은 텅텅 비어 있다. 이런 망원경은 분해능은 매우 높지만, 영상의 품질은 썩 좋지 않다. 영상 복원 작업 전의 M87 중심 영상을 보고 고리 모양의 블랙홀 그림자를 상상하기는 쉽지 않다. 이렇게 불완전한 전파간섭계로 얻은 지저분한 영상에서 원래의 영상을 복원하는 기법이 전파천문학 분야에서 지난 수십 년에 걸쳐 발전했다. 전파천문학 분야에서 개발된 영상처리 기법은 의료, 정보통신 등 다양한 분야에서 활용되고 있다.

영상처리 기법은 크게 두 가지로 나뉜다. 한 가지는 대상이 점광

2019년 11월 4일 미국항공우주국 에임스연구센터에서 열린 '2020년 브레이크스루 상(기초물리 분야)' 시상식.

EHT 연구팀을 대표해 상을 받은 EHT 단장인 셰퍼드 돌먼 박사.

원의 집합이고 각각의 점광원은 전파간섭계로도 분해되어 보이지 않는다고 가정하는 기법이다. 점묘화를 상상해보라. 지저분한 영상 속에서 가장 밝은 점을 찾아 그 밝은 점이 만들어낸 잔상을 제거한다. 이는 간섭계가 밝은 점 하나만 보고 있을 때 어떤 잔상을 가지는지 미리 계산해 알 수 있기 때문에 가능한 방법이다. 이렇게 밝은 순서대로 점광원을 하나씩 찾아내어 영상을 복원한다. 다른 기법은 관측 대상이 어떤 모습일지 몇 가지 경우를 상정하고 전파간섭계로 보면 복원 전의 지저분한 영상이 미리 상정한 어느 모습과 비슷한지 찾는 것이다. 계속 디테일을 추가해 원래 영상이 어떤 모습인지를 찾아낸다. 이는 마치 흐릿해서 확인이 어려운 자동차 번호나 사람 얼굴을 찾아가는 과정과 유사하다. 두 복원기법이 공통적으로 가진 기준이 하나 있는데, 그것은 영상 복원이 제대로 진행되어 가면 영상이 가진 잡음이 줄어들 것이라는 점이다. 이를 기준으로 복원이 제대로 되어 가는지를 판단한다.

EHT로 M87 중심 블랙홀을 관측한 영상은 참여 연구자를 네 개 팀으로 나눈 뒤 두 팀씩 앞의 기법 중 하나를 택해 분석하게 했다. 분석 결과를 비교하기로 약속한 날까지 네 개의 팀은 서로 정보를 교환하지 않고 각자의 방법으로 영상처리를 수행했다. 다른 팀의 결과를 참고해 영상처리를 시도하면 결과가 서로 비슷해질 수 있다는 '인간적인 오류'를 막기 위한 조치였다. EHT 연구 전 과정에서 참여 연구자들은 놀라울 정도로 철저히 보안과 약속을 지켰다. 천문학자들, 특히 전 세계 동료들과 협력해야 하는 초장기선간섭계 연구자들은 보안에 느슨하고 사람을 잘 믿고 쉽게 자신의 지식과 기술을 나누는 것으로 정평이 나 있는데, EHT 관측의 중요성 때문인지 모든 참여자가 약속을 잘 지켜주었다.

2019년 4월 10일 블랙홀 영상이 공개된 순간에 필자는 영국 맨체스터 인근에서 열린 전파간섭계 천문학 학술회의에 참석하고 있었다.

학회 참석자의 대부분은 EHT 참여자는 아니었지만, 초장기선간섭계에 정통하고 EHT에 참여하는 가까운 동료를 둔 경우가 많았음에도 불구하고 M87 중심 블랙홀과 Sgr A* 중 어느 천체가 관측됐는지, 관측되기는 했는지도 모르고 있었다. 당시 가장 많이 들었던 소문은 '관측 실패를 발표할 것'이라는 내용이었다. 엄격한 검증과정과 철저한 보안 속에 EHT 연구팀에서는 블랙홀 영상을 준비했다.

EHT는 계속된다

앞으로 EHT 프로젝트는 어떤 계획을 갖고 있을까? 향후 더 많은 망원경이 참여하고 관측 전파대역폭을 넓히면 더 나은 영상을 얻을 수 있다. 이를 통해 블랙홀, 강착원반, 제트를 연구하는 데 새로운 장이 열릴 것으로 기대된다. 이번에 M87 중심 블랙홀 영상을 얻었지만, 영상의 품질은 개선의 여지가 있다. 그리고 첫 발표에는 편광 정보는 공개되지 않았다. 이는 블랙홀 강착원반과 제트의 자기장 특성을 이해하는 중요한 정보이다.

우리은하 중심 블랙홀 Sgr A*는 시시각각 변하기 때문에 스냅샷 같은 촬영이 필요하다. 그리고 산란 효과를 제거하기 위한 모델도 필요하다. 이 산란 모델을 만드는 데는 한국천문연구원의 한국우주전파관측망이 중요한 역할을 하고 있다. M87 중심 블랙홀의 편광 영상, 그리고 Sgr A*의 동영상 제작이 진행 중인데, 2020년 중에는 새로운 블랙홀(그림자) 영상을 공개할 수 있을 것으로 기대하고 있다.

2019년 11월 4일 EHT 연구팀에서는 '기초과학의 오스카상'이라고 하는 '2020년 브레이크스루 상(2020 Breakthrough Prize)'을 받았다. EHT 단장인 셰퍼드 돌먼(Sheperd Doeleman) 박사가 대표로 수상했고, 300만 달러의 상금은 347명의 참여자가 공평하게 나누어 갖기로 했다. 필자를 포함한 8명의 한국 참여자도 이 상의 수상자가 됐다.

2019
노벨 과학상

현계영

이화여대에서 물리학을 공부하고, 서울대 대학원에서 천문학 석사학위를 받았다. 어린이 과학잡지 《과학쟁이》의 기자로 오랫동안 활동했으며, 『생생쏙도감』 시리즈를 기획해 〈별자리〉 편을 직접 썼다. 지금도 과학책을 편집하거나 과학 관련 글을 쓰면서 일반인들에게 과학을 알리고 있다.

2019 노벨 과학상,
세상을 바꾼 남다른 생각!

노벨 흉상.
© Nobel Media/Alexander Mahmoud

대중 앞에서 강연하던 중일 수도 있고, 학회 참석차 이동하는 차 안이나 공항 라운지에 있었을 수도 있다. 혹은 꿀잠 자는 한밤중이었을 수도 있다. 그러나 언제 어디에 있든 전화 한 통이 지극히 평범한 하루를 '10월의 어느 멋진 날'로 바꾸기도 한다.

매년 10월이면 노벨상 수상자가 발표된다. 인터넷으로 생중계되기도 하는 공식 발표에 앞서, 수상자들은 보통 전화로 수상 사실을 전달받는다. 노벨상 수상자로 선정된 사람마다 반응은 제각각이지만 대부분 큰 기쁨을 감추지 못한다. 과학을 포함해 문학, 예술, 인문학 등 다양한 분야에 국제적인 상이 많지만, 이 가운데 가장 권위 있는 상으로 평가받는 것이 바로 노벨상이기 때문이다.

남은 재산은 인류를 위해!

노벨상은 스웨덴의 발명가이자 화학자 알프레드 노벨이 본인의 남은 재산을 인류의 발전에 크게 기여한 사람에게 매년 상으로 주라는 내용의 유서를 남기면서 시작됐다.

1833년 10월 21일 스웨덴 스톡홀름에서 태어난 노벨은 어려서부터 자연과학뿐만 아니라 문학과 언어에도 흥미를 느껴 17세에 모국어 스웨덴어를 비롯해 영어, 러시아어, 독일어, 프랑스어 등을 구사했고, 노년에는 직접 시나 소설을 쓰기도 했다.

노벨이 본격적으로 화학을 공부한 것은 프랑스 파리로 건너가면서부터인데, 여기에서 운명의 나이트로글리세린이라는 물질을 처음 알게 됐다. 나이트로글리세린은 폭발하기 쉬운 위험한 액체였는데, 노벨은 여기에 규조토라는 고운 모래를 섞어 안전성을 높인 막대 모양 폭약을 만들었다. 이것이 바로 다이너마이트이다. 그리고 폭발하기 전까지 안전한 곳으로 피할 시간을 벌 수 있는 기폭장치도 개발했다. 다이너마이트가 터널을 뚫는 토목공사 현장이나 광산에서 널리 쓰이면서 노벨은 막대한 재산을 쌓았다.

1896년 12월 10일 노벨이 세상을 떠나자 그가 남긴 유서가 공개됐다. 주요 내용은 '남은 재산을 기금으로 하여, 그 투자 수익을 매년 인류의 발전에 크게 기여한 사람에게 상금으로 준다. 시상은 물리학, 화학, 생리학 및 의학, 문학, 평화 등 5분야로 하고, 수상자는 국적에 관계없이 선정한다.'는 것이었다.

이 유서에 따라 노벨 재단이 설립됐고, 1901년부터 지금까지 노벨상이 수여되고 있다. 수상자 선정기관도 유서에 지정되어 있다. 물리학

역대 최고령 수상자로 기록된
미국의 구디너프 교수가 2019
노벨 화학상을 수상하고 있다.
© Nobel Media/Nanaka Adachi

상과 화학상은 스웨덴 왕립과학아카데미가, 생리의학상은 스웨덴 카롤린스카의대 노벨위원회에서 각각 선정해 발표한다. 또 문학상은 스웨덴 한림원, 평화상은 노르웨이 국회에서 정한 노벨위원회에서 각각 담당한다. 한편 1969년부터 시상하기 시작한 경제학상은 스웨덴 중앙은행에서 노벨을 기념하며 제정한 것으로, 상금도 은행에서 노벨 재단에 기탁한 기금에서 충당한다. 수상자는 스웨덴 왕립과학아카데미에서 선정한다.

2019년, 역대 최고령 수상자, 부부 수상자도 나왔다

2019 노벨상은 10월 7일 생리의학상을 시작으로 물리학상, 화학상, 문학상, 평화상 수상자가 매일 차례대로 발표된 데 이어, 14일에 경제학상을 끝으로 모든 수상자가 발표됐다. 수상자는 한 분야에 최대 세 명까지 선정될 수 있으며, 사후에는 수상할 수 없다.

이번 노벨상 수상자 중에는 역대 최고령 수상자가 나왔다. 지금까지 노벨상 전 분야를 통틀어 최고령 수상자는 2018년에 96세로 물리학상을 받은 아서 애슈킨 박사였다. 그런데 이번에 미국 텍사스대 오스틴 캠퍼스의 존 구디너프 교수가 97세로 화학상을 받으며 1년 만에 그 기록이 깨졌다.

2019년에는 부부 수상자도 나왔다. 그 주인공은 경제학상을 받은, 매사추세츠공대(MIT)의 아브히지트 바네르지 교수와 에스테르 뒤플로 교수이다. 두 사람은 하버드대 마이클 크레머 교수와 함께 국제적인 빈곤 문제를 완화하기 위한 실험 기반의 연구를 진행했다. 평화상에는 독재를 끝내고 이웃 나라와 종전 선언을 이끈 에티오피아의 아비 아머드 알리 총리가 선정됐다.

노벨 문학상은 이례적으로 2018년, 2019년 수상자가 함께 상을 받았다. 2018년 수상자 선정이 진행되던 중 한림원의 지원을 받아 활동한 사진작가에게 성폭행을 당했다는 여성들의 폭로가 이어지고 위원들이 사퇴하면서 수상자 선정을 2019년으로 미룰 수밖에 없었기 때문이다. 우여곡절 끝에 2018년 문학상은 폴란드의 작가 올가 토카르추크에게, 2019년 문학상은 오스트리아 출신의 페터 한트케에게 각각 돌아갔다. 그러나 페터 한트케가 과거 크로아티아인과 보스니아인의 학살을 저지른 유고연방 대통령을 옹호했다며 그의 수상 자격을 놓고 문학상은 또다시 논란이 됐다.

노벨상 시상식은 노벨이 사망한 12월 10일에 스웨덴에서 열리며, 평화상 시상식만 선정기관이 있는 노르웨이에서 진행된다. 노벨상 수상자는 상금과 증서, 메달을 받는다. 상금은 기금 운용 결과에 따라 정해지는데, 2019년 상금은 각 분야에 900만 스웨덴 크로나(약 10억 9천만 원)가 주어진다. 공동수상의 경우에는 선정기관에서 정한 기여도에 따라 상금이 나뉜다. 증서는 선정기관에서 정한 디자인으로 분야별로 매년 다르게 제작되며, 그해 주제가 되는 그림과 수상자 이름이 가죽이나 종이 위에 정성스러운 수작업을 통해 완성된다.

2019 노벨 생리의학상 수상자. 왼쪽부터 윌리엄 케일린, 피터 랫클리프, 그렉 세멘자
ⓒ Nobel Media/Niklas Elmehed

2019 노벨 물리학상 수상자. 왼쪽부터 제임스 피블스, 미셸 마요르, 디디에 쿠엘로.
ⓒ Nobel Media/Niklas Elmehed

2019 노벨 화학상 수상자. 왼쪽부터 존 구디너프, 스탠리 휘팅엄, 요시노 아키라.
ⓒ Nobel Media/Niklas Elmehed

인류가 받은 혜택, 2019 노벨 과학상의 선택은?

지금부터는 2019 노벨 과학상 수상자들과 그들의 연구 내용을 살펴보자. 최근 노벨 과학상은 공동 수상하는 경우가 대부분인데, 2019 노벨 과학상 역시 생리의학, 물리학, 화학 등 세 부문에 각각 세 명씩 선정되어 모두 아홉 명이 수상했다.

노벨 생리의학상, 우리 몸의 산소 대처법을 밝히다!

지구 대기의 약 20%를 차지하는 산소는 사람을 포함해 모든 동물이 살아가는 데 꼭 필요한 물질이다. 우리는 숨 쉬는 일뿐만 아니라 움직이고 생각하는 등 모든 활동에 필요한 에너지를 음식물을 통해 얻는 데, 이때 세포 속에서 음식물이 에너지로 바뀌는 과정에 산소가 필요하다. 그래서 갑자기 격렬한 운동을 하거나 높은 산에 올라 산소가 부족해지면, 우리 몸은 자동으로 긴급 산소 공급 시스템을 가동해 그 양을 일정하게 유지한다. 그러면 우리 몸은 산소가 부족한지 어떻게 알까? 2019 노벨 생리의학상은 바로 우리 몸에 산소가 부족하면 세포에서 어떤 일이 벌어지는지를 밝힌 미국 하버드의대의 윌리엄 케일린 교수와 영국 프랜시스크릭연구소의 피터 랫클리프 교수, 미국 존스홉킨스대의 그렉 세멘자 교수에게 돌아갔다.

선정 기관인 카롤린스카의대 노벨위원회에서는 이들의 연구로 빈혈, 암 등 여러 질병을 치료하는 길이 열렸다고 선정 배경을 설명했다.

노벨 생리의학상 수상자들

윌리엄 케일린 (미국 하버드의대)

피터 랫클리프 (영국 프랜시스크릭연구소)

그렉 세멘자 (미국 존스홉킨스대)

세포가 산소의 양을 감지하는 법

우리는 호흡을 통해 외부로부터 산소를 받아들인다. 폐로 들어간 산소는 혈액 속에 들어 있는 적혈구에 실려서 몸속 구석구석 필요한 곳에 전달된다. 그런데 가끔 우리 몸은 필요한 양만큼 산소를 공급받지 못하는 때가 있다. 그럴 때에는 부족한 산소를 채우려는 작업이 몸속에서 시작된다. 대표적인 작업이 바로 적혈구를 많이 만들어 산소를 운반하는 일종의 산소 운반 차량을 늘리는 것이다. 이때 신호가 되는 것이 바로 'EPO'라는 호르몬이다. 즉, 산소가 부족하면 EPO가 많이 나오면서 많은 적혈구가 만들어진다. 이 과정은 20세기 초에 이미 알려져 있었지만, 산소가 부족한지를 알아채는 구체적인 과정은 밝혀지지 않았다.

세멘자 교수와 랫클리프 교수는 이런 산소 감지 과정과 그에 따른 우리 몸의 적응 과정을 밝히기 위해 EPO 유전자를 연구하기 시작했다. EPO는 주로 신장에서 만들어지는 물질인데, 두 사람은 먼저 산소 부족을 감지하는 과정이 신장 세포뿐만 아니라 모든 조직에서 일어난다는 사실을 알아냈다. 그리고 세멘자 교수는 산소가 부족할 때 EPO 유전자의 특정 DNA 부위가 활성화되며, 여기에 결합하는 단백질 복합체도 알

아내 'HIF'라고 이름 붙였다. HIF는 다시 'HIF-1α'
와 'ARNT'라는 물질로 구성되는데, 산소가 부족하
면 HIF-1α가 이 특정 DNA 부위와 결합하면서 마
침내 적혈구 생성을 부추기는 임무를 가진 EPO가
된다. 한편 산소가 충분하면 HIF-1α는 세포 속에
서 저절로 사라진다. HIF-1α가 없으므로 EPO는
물론 적혈구도 추가로 만들어지지 않는다. 산소량
에 대응해 별도로 조치를 취하지 않아도 되기 때문
에 벌어지는 일이다. 정리하면, 산소가 충분할 때
에는 세포 내에 HIF-1α가 거의 없고, 산소가 부족
할 때는 그 양이 많다. 그렇다면 산소가 충분하면

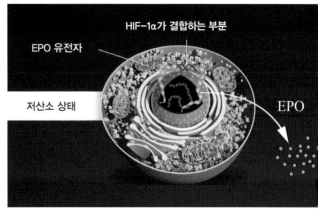

산소가 부족하면 EPO 유전자의 특정 DNA 부위가 활성화되고
이곳에 'HIF'라는 단백질 복합체가 결합한다.
© Mattias Karlén/The Nobel Committee for Physiology or Medicine

어떻게 HIF-1α가 사라진단 말인가? 그 해답은 암을 연구하던 윌리엄
케일린 교수의 연구에서 밝혀졌다.

의외의 곳에서 찾은 산소 센서

케일린 교수는 '폰 히펠-린다우 증후군'이라고 알려진 희귀 유전
질환을 연구하고 있었다. 이 병은 주로 중추신경계나 신장에 종양이 발
생하는 질환으로, 케일린 교수는 특정 유전자의 돌연변이가 이 병을 일
으킨다는 사실을 알아냈다. 'VHL 유전자'라고 이름 붙은 이 유전자는
정상이라면 종양 발생을 막아 주지만, 돌연변이에 의하여 그 기능을 상
실하고 암을 일으키는 것이었다.

이 병의 원인을 밝히는 과정에서 케일린 교수는 VHL 유전자가 산
소의 양과 관련이 있다는 사실을 알게 됐다. 정상 VHL 유전자가 부족하
면 산소량을 조절하는 유전자가 비정상적으로 많고, VHL 유전자를 보
충하면 산소량을 조절하는 유전자 수가 다시 정상으로 돌아왔기 때문이
었다. 그런데 때마침 EPO 유전자를 연구하던 랫클리프 교수가 산소량
을 나타내는 HIF-1α가 VHL과 결합한다는 연구 결과를 얻으며, 두 사
람은 VHL과 HIF-1α의 관계를 더 깊게 파고들었다.

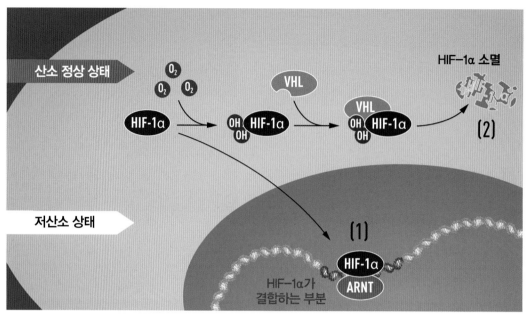

산소 농도에 따른 세포의 대응 원리

산소가 부족하면 HIF-1α가 결합해 적혈구 생성을 촉진하는 EPO가 만들어진다(1). 이에 반해 산소가 충분하면, 수산화기(-OH)가 HIF-1α에 붙고 VHL이 이를 인식해 HIF-1α를 없앤다(2).

© Mattias Karlên/The Nobel Committee for Physiology or Medicine

그 결과, 2001년 마침내 수수께끼가 풀렸다. 마지막 열쇠는 수산화기(-OH)였다. 산소가 많으면 HIF-1α에 수산화기가 달라붙고, VHL은 이 수산화기 꼬리표를 단 HIF-1α와 결합해 HIF-1α를 없애버리는 것이었다. HIF-1α가 없으니 적혈구 생성을 촉진하는 EPO도 더 이상 만들어지지 않는다. 하지만 산소가 부족하면 HIF-1α에 수산화기가 달라붙지도 않고 VHL은 수산화기 꼬리표가 없는 HIF-1α와 결합하지 못한다. 그래서 HIF-1α가 살아남아 EPO를 만드는 것이다. 결과적으로 몸속에서 EPO를 만들어내느냐 마느냐를 결정하는 산소의 양은 VHL이 수산화기를 달고 있는 HIF-1α를 인식해 결합하느냐 마느냐로 판가름나는 것이었다.

질병 치료의 길에 한 걸음 더 가까이!

이로써 몸속에서 산소의 양을 어디서 어떻게 감지하는지가 분자의 반응수준까지 정확하게 밝혀졌다. 산소는 우리에게 절대적으로 필요한 물질인 만큼 산소의 양과 관련된 질병은 빈혈, 심장마비, 심근경색,

암 등으로 셀 수 없이 많다. 따라서 산소의 양이 어떻게 조절되는지 안다는 것은 이들 병을 치료할 수 있는 치료제 개발에 한 걸음 크게 다가갔다는 얘기이다. 산소가 부족해 나타나는 빈혈의 경우에는 HIF를 보충해 적혈구 생성을 활발히 해주는 방향으로 여러 실험이 진행 중이며, 암의 경우는 HIF를 줄여 암세포에 산소의 공급을 차단하는 방향으로 치료제 개발이 이루어지고 있다.

노벨 물리학상, 세상의 개념을 바꾸다!

2019 노벨 물리학상은 우주의 역사와 그 구조를 아는 데 이론적인 바탕을 마련한 미국 프린스턴대의 제임스 피블스 교수와 태양계를 벗어나 처음으로 태양과 비슷한 별 주위를 공전하는 행성을 발견한 스위스 제네바대의 미셸 마요르 교수, 디디에 쿠엘로 교수가 수상했다. 두 분야로 나뉘어 선정됐지만, 스웨덴 왕립과학아카데미에서는 이들의 연구가 모두 우주에 대한 기존 개념을 바꿔 놓았다고 평가했다.

팽창하는 우주가 남긴 흔적, 우주배경복사

지금은 우주가 팽창한다는 것이 일반인들 사이에서도 상식으로 통하지만, 20세기 초만 해도 사람들은 우주가 팽창도 수축도 하지 않으며 영원불변한다고 생각했다. 그런데 1920년대 말 미국의 천문학자 에드윈 허블이 우주가 팽창한다는 결정적인 증거를 관측하자, 당시 사람들의 머릿속에 그려져 있던 우주의 모습이 통째로 흔들리기 시작했다. 그리고 궁금해졌다. 우주가 팽창하고 있다면 과연 과거의 모습은? 시간을 거슬러 올라가면 맨 처음 우주는 한 덩어리였다는 말인가?

제임스 피블스 교수는 탄생부터 현재까지 우주의 모습을 밝히는 데 근간이 되는 이론을 마련했는데, 이 작업은 1960년대 중반 '우주배경복사' 발견과 함께 시작됐다. 현대 우주론에 따르면, 우주는 약 138억 년 전에 극도로 뜨겁고 밀도 높은 상태에서 '빅뱅'이라는 폭발과 함께 생

노벨 물리학상 수상자들

제임스 피블스 (미국 프린스턴대)

미셸 마요르 (스위스 제네바대)

디디에 쿠엘로 (스위스 제네바대)

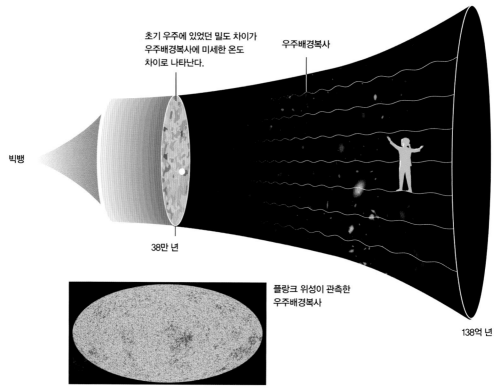

초기 우주에 있었던 밀도 차이가
우주배경복사에 미세한 온도
차이로 나타난다.

우주배경복사

빅뱅

38만 년

플랑크 위성이 관측한
우주배경복사

138억 년

빅뱅과 우주배경복사

빅뱅 이후 38만 년이 지나서야 처음으로 빛이 우주 공간으로 빠져나오게 되었다. 이때 나온
빛은 '우주배경복사'로 지금도 관측된다. 우주배경복사의 정밀 관측 결과, 초기 우주에 있었던
밀도의 불균일이 우주배경복사에 10만분의 1도라는 온도 차이로 나타났다.

ⓒ Johan Jarnestad/The Royal Swedish Academy of Sciences

겨났다. 급속히 팽창하면서 38만 년이 지나자 우주는 어마어마하게 커
지고 온도도 수천 도로 낮아졌다. 그러자 마침내 수소나 헬륨 같은 물질
이 만들어지고 빛도 빠져나오게 됐다. 이때 빠져나온 빛은 우주 팽창과
함께 사방으로 퍼져나가 지금도 관측된다. 이 빛을 '우주배경복사'라고
한다. 1964년 이 빛은 미국의 아노 펜지어스와 로버트 윌슨의 전파안테
나에 처음으로 포착됐다.

관측 당시 두 사람은 우주 어디를 관측해도 잡히는 이 잡음 같은
신호를 없애지 못해 고민이었다. 하지만 우주배경복사를 예측하고 있던
피블스 교수는 자신이 계산한 우주배경복사의 온도와 두 사람이 관측한

신호의 온도가 거의 일치하는 것을 보고, 이들이 관측한 것은 바로 우주배경복사라고 결론을 내렸다. 우주배경복사의 관측은 우주가 빅뱅으로 시작됐다는 것을 뒷받침하는 결정적인 증거가 됐다.

한편 피블스 교수를 비롯한 우주론 학자들은 이 우주배경복사에 아주 미세한 물결처럼 온도 차이가 있어야 한다고 생각했다. 온도 차이는 우주 초기에 밀도가 불균일했다는 증거인데, 우주가 급팽창하는 와중에도 물질이 뭉쳐 별과 은하가 만들어지려면, 밀도가 상대적으로 높은 곳이 있어야 하기 때문이다. 이를 확인하기 위해서는 인공위성을 띄워 정밀하게 관측해야 했다. 그 결과 이론적인 예상대로 10만분의 1도라는 미세한 온도 변화가 관측됐다.

물질은 우주의 단 5%, 나머지는?

그러나 우주배경복사는 또 하나 큰 문제를 던져줬다. 피블스 교수의 계산에 따르면, 별이나 은하처럼 우리에게 보이는 '물질'은 우주에서 고작 5%밖에 안 된다고 한다. 우주의 대부분(95%)은 우리가 아는 물질과는 다른 어떤 것으로 채워져 있다는 뜻이다. 계산에 의하면 우주의 26%는 '암흑물질'이라고 한다. 암흑물질은 빛을 내지는 않으나 주변에 중력적 작용을 해서 그 존재를 드러내는데, 그 정체는 아직 정확히 모른다. 한때 많은 사람이 중성미자라고 생각했으나, 현재는 피블스 교수가 제안한 무겁고 천천히 움직이는 '차가운 암흑물질'이 유력한 후보로 받아들여진다.

그런데 물질과 암흑물질을 빼더라도 나머지 69%가 여전히 미지의 요소이다. 피블스 교수는 '암흑에너지'라는 에너지가 우주의 나머지를 채우고 있다고 제안했다. 암흑에너지는 14년간 이론으로만 존재했다. 그러다가 1998년 우주의 팽창속도가 점점 빨라진다는 관측 결과가 나오면서 암흑에너지가 팽창에서 가속기 역할을 하는 것으로 생각되고 있다. 그러나 암흑물질과 암흑에너지의 실체는 여전히 미스터리이며, 그 정체를 밝히는 것이 현대 물리학과 천문학의 과제이다.

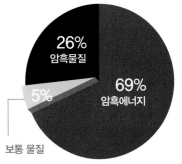

© Johan Jarnestad/The Royal Swedish Academy of Sciences

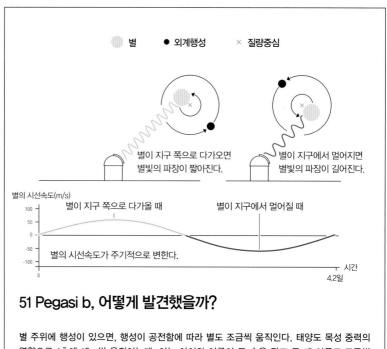

별   ● 외계행성   × 질량중심

별이 지구 쪽으로 다가오면
별빛의 파장이 짧아진다.

별이 지구에서 멀어지면
별빛의 파장이 길어진다.

별의 시선속도(m/s)

별이 지구 쪽으로 다가올 때

별이 지구에서 멀어질 때

별의 시선속도가 주기적으로 변한다.

시간

4.2일

51 Pegasi b, 어떻게 발견했을까?

별 주위에 행성이 있으면, 행성이 공전함에 따라 별도 조금씩 움직인다. 태양도 목성 중력의 영향으로 1초에 12m씩 움직이는데, 이는 아이와 어른이 두 손을 잡고 돌 때 어른도 조금씩 움직이는 것과 같은 원리이다. 행성은 어두워 직접 관측하기 어렵기 때문에 중심별(모성)의 움직임으로부터 행성의 존재를 안다. 그리고 별의 움직임은 스펙트럼 관측을 통해 알 수 있다. 별이 우리 쪽으로 다가올 때에는 스펙트럼선이 본래 파장보다 짧은 쪽으로 이동하고(청색이동), 멀어질 때는 본래 파장보다 긴 쪽으로 이동한다(적색이동). 따라서 스펙트럼선의 움직임을 조사하면, 파장이 주기적으로 길어졌다가 짧아지는데, 이것이 곧 행성의 공전주기가 된다. 쿠엘로 교수는 1초에 10~15m 움직일 때 발생하는 변화까지 감지할 수 있는 분광기를 완성했고, 이를 이용해 마침내 태양과 비슷한 별 주변을 도는 행성을 최초로 관측하는 데 성공했다.

태양계 밖에도 행성이 있었다!

2019 노벨 물리학상의 또 다른 수상자인 미셸 마요르 교수와 디디에 쿠엘로 교수는 우주의 5%를 차지하는 '물질'을 연구했다. 연구 대상은 바로 행성이다. 사람들은 오래전부터 다른 별 주위에도 행성이 돌고 있는지, 우리와 같은 생명체가 또 있는지 궁금해했다. 외계 생명체는 아직 발견되지 않았지만, 태양계 밖에서 행성이 발견됐다는 소식은 종종 들린다. 지금까지 발견된 외계행성이 4천여 개! 그 포문을 연 사람들이 바로 마요르 교수와 쿠엘로 교수이다.

1995년 이들은 '페가수스자리 51번 별(51 Pegasi)' 주위를 도는 행성 '51 Pegasi b'를 발견했다고 발표했다. 최초로 태양과 비슷한 별을 공전하는 외계행성을 발견한 것이다. 사실 1992년에 매우 빨리 회전하는 중성자별(펄서) 주변을 도는 행성이 발견된 적이 있지만, 중성자별은 별이 죽어가는 단계 중 하나이다. 그러나 51 Pegasi는 태양과 비슷한 별이어서 그 별 주위를 도는 행성 '51 Pegasi b'가 더 주목받았다.

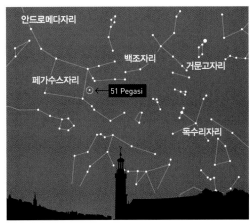

페가수스자리 51번 별(51 Pegasi) 근처에서 태양과 비슷한 별을 공전하는 외계행성이 처음으로 발견됐다.

© Johan Jarnestad/The Royal Swedish Academy of Sciences

이 행성은 목성처럼 가스로 이루어졌으며, 크기는 목성의 약 1.3배, 공전주기는 약 4일이다. 51 Pegasi b의 발견은 행성계에 대한 기존의 생각을 뒤집었다. 보통 목성 정도의 크기와 질량을 가진 행성은 중심별에서 멀리 떨어진 곳에서 만들어지며, 따라서 공전주기도 길다고 알려져 있었다. 그런데 공전주기를 보면 51 Pegasi b는 예상했던 것보다 중심별에 훨씬 가깝기 때문이다.

이 발견 이후 본격화된 외계행성 탐색 프로젝트로 발견된 수천 개 행성 중에는 51 Pegasi b처럼 예상을 빗나가는 곳에 있는 행성을 비롯해 행성의 크기, 궤도 등이 상상 이상으로 다양하다. 오히려 태양계 행성들이 특이하다 할 정도이다. 이렇게 다양한 행성들의 자료를 통해 행성의 기원에 대한 더 깊이 있는 연구가 이루어질 것이다.

노벨 화학상, 충전 가능한 세상을 만들다!

전자기기라고 하면 꼬리처럼 전원케이블을 달고 있다. 하지만 노트북 컴퓨터, 스마트폰은 물론이고 요즘은 청소기에도 꼬리가 없다. 꽤 오래 사용할 수 있는 배터리, 즉 전지가 있기 때문이다. 2019 노벨 화학상은 오늘날 성능이 가장 우수한 전지로 꼽히는 '리튬이온전지'를 개발한 화학자 세 명에게 돌아갔다. 미국 텍사스대 오스틴캠퍼스의 존 구디너프 교수, 미국 뉴욕주립대 빙엄턴캠퍼스의 스탠리 휘팅엄 교수, 일본

존 구디너프 (미국 텍사스대 오스틴캠퍼스)

스탠리 휘팅엄 (미국 뉴욕주립대 빙엄턴캠퍼스)

요시노 아키라 (일본 메이조대)

메이조대의 요시노 아키라 교수가 그 주인공이다. 이들의 연구는 50년에 걸친 리튬이온전지 개발의 역사, 그 자체이다. 스웨덴 왕립과학아카데미에서는 휴대용 전자기기 시대를 열었을 뿐만 아니라 화석연료 사용을 줄이는 데 큰 역할을 한 리튬이온전지야말로 인류가 받은 큰 혜택이라고 평가했다.

리튬이온전지가 전기를 만드는 법

일반적으로 전지는 (+)극과 (−)극, 그 사이를 채우고 있는 전해질로 이루어져 있다. 전해질은 화학반응이 일어나거나 이온이 움직이는 통로이며 중간에 분리막이 설치되기도 한다. (+)극과 (−)극을 도선으로 연결하면, (−)극에서 전자가 나와 전자기기를 작동시키고 (+)극으로 흘러간다. 이 과정을 '방전'이라고 한다. 그러다 (−)극에서 더 내놓을 전자가 없게 되면, 더 이상 사용할 수 없다. 그런데 이때 전원을 연결해서 다시 쓸 수 있도록 복구시킬 수도 있는데, 이 과정을 '충전'이라고 한다. 한 번 방전되면 못 쓰는 전지를 '1차 전지', 충전해서 다시 사용하는 전지를 '2차 전지'라고 하며, 리튬이온전지는 대표적인 2차 전지이다.

리튬이온전지도 전극 두 개, 전해질, 분리막으로 구성된다. 그리고 충전과 방전 과정에서 리튬이온(Li^+)이 (−)극으로 이동해 저장됐다가 (+)극으로 다시 이동해 저장되기를 반복한다. 리튬이온전지의 핵심은 바로 리튬이온이 (+)극과 (−)극을 왔다 갔다 한다는 것이다.

리튬을 이용한 2V 전지를 만들다

리튬이온전지의 성능과 명성을 담당하는 주인공은 (+), (−) 두 전극에 사용된 물질이다. 따라서 리튬이온전지 개발의 역사는 곧 이 물질을 찾는 과정이기도 하다.

먼저 하고많은 원소 중에 왜 하필 리튬일까? 리튬은 원자번호 3번으로 가장 가벼운 금속원소이다. 원자 구조상 전자 한 개를 내놓고 리튬이온(Li^+)이 되려는 경향이 강하며, 공기나 물과도 쉽게 반응을 일으키는, 한 마디로 반응성이 매우 큰 물질이다. 반응성이 크다는 것은 다루기 위험하다는 뜻이기도 하지만, 전자의 흐름을 만들어내는 전지를 개발하는 데에는 매우 유용한 성질이다. 게다가 리튬은 가볍기까지 하니 전극 소재로 탐나는 소재일 수밖에 없다.

리튬이온전지의 원형을 만든 스탠리 휘팅엄 교수도 리튬의 매력을 놓치지 않고 (−)극으로 리튬을 택했다. 그렇다면 (+)극 재료는 무엇을 선택했을까? 1970년대 초 휘팅엄 교수는 대체 에너지와 관련해 초전도 물질을 연구하고 있었다. 그는 이전부터 원자나 이온이 들어갈 수 있는 간격을 가진 층상구조 물질을 연구하면서, 전극 재료로 적당하다는 제안을 한 바 있다. 그런데 어느 날 '이황화탄탈럼'이라는 층상구조 물질에 칼륨이온을 반응시키면 일반 전지보다 더 높은, 2V가량의 전압을 얻을 수 있다는 것을 발견했다. 그는 곧 무거운 탄탈럼 대신 성질이 비슷하면서 조금 더 가벼운 티타늄을 선택해 '이황화티타늄(TiS_2)'을 (+)극으로 하고, 리튬 금속을 (−)극으로 하는 전지를 만들었다. 전지를 작동시키면 (−)극에서 리튬이 전자 1개를 내놓으면서 리튬이온이 되고, 이 리튬이온은 전해질을 따라 (+)극으로 이동해 층간 공간에 들어간다. 그리고 충전하면 다시 (−)극으로 이동해 전자를 만나 리튬 금속으로 돌아온다. 그런데 충전과 방전이 반복될수록 리튬 금속 표면에 돌기가 자라나 (+)극에 닿으면 폭발하는 일이 발생했다. 그래서 리튬 전극에 알루미늄을 추가하고 전해질을 교체해 소규모 양산에 들어갔다. 이것이 바로 리튬이온전지의 시작이다.

전압을 두 배로, 안전성도 향상!

휘팅엄 교수의 리튬전지는 1980년이 되어 존 구디너프 교수에 의해 한 단계 업그레이드된다. 구디너프 교수도 휘팅엄 교수의 리튬전지에 대해 잘 알고 있었다. 하지만 분명히 전압을 더 높일 수 있는 다른 물질이 있을 것이라는 생각이 머릿고을 떠나지 않고 있었다. 그래서 이황화티

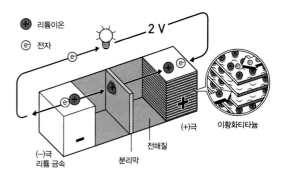

휘팅엄 교수는 (−)극을 리튬 금속, (+)극을 이황화티타늄으로 해서 약 2V의 전압을 내는 리튬이온전지의 원형을 만들었다.
© Johan Jarnestad/The Royal Swedish Academy of Sciences

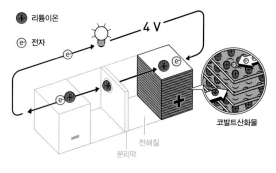

구디너프 교수는 (+)극으로 리튬코발트산화물을 사용함으로써 휘팅엄 교수의 전지보다 전압을 두 배로 높였다.
ⓒ Johan Jarnestad/The Royal Swedish Academy of Sciences

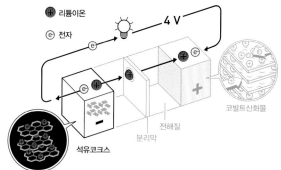

요시노 교수는 (−)극에 불안정한 리튬 금속 대신 석유코크스를 사용함으로써, 전압을 그대로 유지하면서 안정성을 높인 리튬이온전지를 완성했다.
ⓒ Johan Jarnestad/The Royal Swedish Academy of Sciences

타늄처럼 층상구조를 가지면서 산소가 포함된 '금속산화물'을 찾기 시작했다. 마침내 찾은 물질이 바로 '리튬코발트산화물($LiCoO_2$)'이었다. 이를 (+)극으로 이용했을 때 전압은 무려 4V나 됐다. 휘팅엄 교수가 만든 전지의 두 배가 된 것이다.

그러나 아직도 해결하지 못한 문제가 있었는데, 바로 (−)극에 쓰이는 리튬 금속이었다. 리튬 금속은 여전히 폭발 위험성이 있기 때문이다. 이번엔 일본의 종합화학회사 아사히가세이의 연구원으로 있던 요시노 아키라 교수가 (−)극으로 쓸 새로운 재료를 탐색하는 데 집중했다.

그가 관심을 가진 것은 석유코크스였다. 석유코크스는 원유를 증류하고 남은 찌꺼기를 고온으로 가열해 만드는 것으로, 탄소가 육각형으로 결합해 층상구조를 이루고 있다. 석유코크스와 마찬가지로 탄소로 구성된 흑연에 리튬이온이 저장된다는 사실은 이미 알려져 있으나, 흑연은 전해질에 의해 쉽게 망가지기 때문에 전극 재료로 사용하지 못했던 터였다. 그런데 (−)극을 석유코크스로 하자 리튬이온이 저장됐다 다시 나오면서 전지가 제대로 작동했다.

이로써 불안정한 리튬 금속 없이 석유코크스와 리튬코발트산화물을 전극으로 해서 4V의 전압이 발생하는 진정한 '리튬이온전지'가 완성됐다. 또 요시노 교수는 완성된 전지 위에 커다란 철판을 떨어뜨려 안전성을 확인하기도 했다. 1991년 본격적으로 사용되기 시작한 뒤에도 전극 재료가 계속 개발되어, 지금은 (−)극으로 주로 흑연이 사용되며 (+)극에는 리튬인산철, 리튬망간산화물 등 다양한 재료가 사용된다.

리튬이온전지가 만드는 세상은?

리튬이온전지에서는 방전할 때나 충전할 때 모두 리튬이온이 주변 물질과 별도의 화학반응 없이 (+)극과 (−)극 사이를 움직인다. 이는 화학반응으로 전기를 발생시키는 전지보다 안정적으로 충전과 방전을 반복해 수명이 길다는 뜻이다. 게다가 리튬이온전지는 가볍기 때문에 휴대용 기기의 보급에 결정적인 역할을 했다.

그렇다고 리튬이온전지가 작은 기기에만 사용되는 것은 아니다. 덩치 큰 전기자동차에도 사용되며, 태양광이나 풍력 발전 등에서 만들어진 전기의 저장장치로도 널리 사용되고 있다. 한 마디로 리튬이온전지는 우리 생활을 편리하게 바꿔놓았을 뿐만 아니라 청정에너지를 사용함으로써 환경도 보호할 수 있게 했다.

리튬이온전지는 휴대용 전자기기뿐만 아니라 전기 자동차, 태양광 발전의 저장장치로도 사용된다.

2019 이그노벨상의 주인공은?

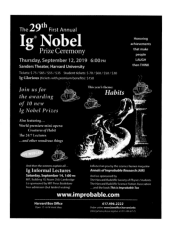

매년 가을, 올해의 노벨상 수상자를 조심스럽게 예측하는 기사가 하나둘 등장하면서 노벨상에 대한 관심이 모이기 시작할 때, 미국 하버드대의 샌더스 극장에서는 특별하면서 유쾌한 시상식이 열린다. 1000명이 넘는 관객이 일제히 종이비행기를 날리면서 시작되는 이 시상식에서는 웃음을 줌과 동시에 한 번쯤 생각해보게 하는 기발한 연구를 한 연구자나 팀에 상을 수여한다. 이제는 꽤 유명해진 '이그노벨상' 얘기이다.

이그노벨상은 《황당무계 연구연보(Annals of Improbable Research)》라는 과학 유머 잡지 편집부와 과학자, 의사, 기자 등으로 구성된 이그노벨상 위원회에서 수상자를 선정하며, 전 세계로부터 추천받은 연구 중에서 물리, 화학, 경제학, 의학 등 10개 부문에 대해 시상한다. 제목만 들어도 웃음이 절로 나는 2019 이그노벨상을 수상한 연구를 간단히 소개한다.

생물학상 죽은 바퀴벌레가 산 바퀴벌레보다 더 세다?

철새가 하늘에서 길을 잘도 찾아다니는 것은 몸 안에 지구 자기장을 감지하는 능력을 갖고 있기 때문이다. 이런 능력은 의외로 바퀴벌레에게도 있다. 생물학 부문의 이그노벨상은 바로 바퀴벌레의 자기적 특성을 연구한 싱가포르 난양공대 공링준 박사 연구팀에서 수상했다. 바퀴벌레를 자석 위에 올려놓고 자화(磁化)시킨 뒤 자성의 변화를 측정한 결과, 산 바퀴벌레보다 죽은 바퀴벌레에서 자성이 더 오래 남아 있었다고 한다. 시상식에서는 죽은 바퀴벌레는 냉장고 문에 자석처럼 달라붙어 있지만, 산 바퀴벌레는 금세 미끄러져 떨어지는 영상이 공개됐다.

화학상 5세 아이가 하루에 만들어내는 침의 양은?

화학 부문의 이그노벨상은 5세 아이가 하루에 만들어내는 침의 양을 계산한 일본 홋카이도대 와타나베 시게루 교수 연구팀에 돌아갔다. 연구팀은 5세 남자 어린이와 여자 어린이 각각 15명을 대상으로, 음식을 먹을 때와 음식을 먹지 않고 놀 때 일정 시간 동안 만들어내는 침의 양을 측정했다. 자는 동안에는 침을 만들지 않는다는 가정하에 내린 결론은 '5세 아이들은 하루에 침을 평균 500ml를 만들어낸다'는 것이다. 시상식에서는 수십 년 전 아버지의 실험에 직접 참여했던 아들이 단상에서 바나나를 씹다가 아버지가 뱉으라고 말하자 종이컵에 뱉는 모습을 보이며, 당시 실험이 어떤 식으로 이루어졌는지 직접 보여주었다.

의학상 피자가 암을 예방할 수 있을까?

치즈가 쭈욱 늘어나는 피자를 먹을 때 왠지 몸에 죄의식을 느꼈다면, 이제부터는 그러지 않아도 좋다. 피자를 많이 먹는 사람이 그렇지 않은 사람에 비해 소화기 계통의 암 발생 확률이 낮다는 연구 결과가 나왔으니 말이다.

이탈리아 밀라노에 있는 마리오 니그리 약물학연구소의 실바노 갈루스 박사 연구팀에서는 식도암, 직장암 등 소화기 계통의 암에 걸린 환자 3300여 명을 대상으로 식습관을 조사했다. 그 결과 피자를 일주일에 한 번 이상 먹는 사람보다 피자를 거의 안 먹는 사람의 수가 훨씬 많았다. 암 환자 중에 피자를 안 먹는 사람이 더 많다는 사실은 피자를 먹는 것이 건강에 더 좋다는 뜻도 된다. 갈루스 박사는 피자에 들어가는 토마토소스에 항암 성분으로 잘 알려진 라이코펜이 많아 피자가 암 발생률을 낮출 수 있다고 분석했다.

평화상 가장 가려운 곳, 긁어서 가장 시원한 곳은?

이그노벨 평화상은 가려울 때 긁는 행동이 얼마나 효과적인지 정량화한 국제 공동연구진의 연구에 돌아갔다. 영국, 사우디아라비아, 싱가포르, 미국의 심리학자와 피부과전문의, 생물 통계학자가 함께 참여한 이 연구는 발목과 등, 팔뚝에 식물의 털을 이용해 가려움을 유발한 다음, 가려움의 정도와 긁은 후의 가려움 해소 정도, 심리적인 만족감을 측정했다. 그 결과 가려움을 가장 심하게 느끼는 부위는 발목이며, 긁었을 때 가장 시원하게 느껴지는 부위는 등이라고 한다.

물리학상 웜뱃의 똥이 네모난 이유는?

보통 동물의 똥은 동글동글한 공 모양이나 길쭉한 소시지 모양이다. 그런데 오스트레일리아에 서식하는 웜뱃의 똥은 특이하게도 주사위 모양이다. 어떻게 네모난 똥이 가능한지는 오랫동안 의문이었는데, 이번 물리학 부문의 이그노벨상은 바로 웜뱃의 똥이 네모나게 만들어지는 원리를 과학적으로 밝힌 연구에 돌아갔다.

웜뱃의 똥이 네모난 이유는 장의 모양 때문이라는 분석이 나왔다.

미국 조지아공대의 페트리시아 양 박사 연구팀에서는 로드킬을 당한 웜뱃 두 마리를 해부해 장 모양을 분석했다. 그 결과 장이 전반적으로 일정하게 늘어나는 것이 아니라 주기적으로 잘 늘어나고 덜 늘어나는 부분이 반복되는 것을 확인하고, 장의 끝부분에서 똥이 딱딱해지면서 크기가 2cm 정도 되는 네모난 똥이 만들어진다는 사실을 밝혀냈다. 웜뱃은 똥으로 영역 표시를 하는데, 똥이 네모나기 때문에 차곡차곡 쌓으면 쉽게 굴러가지 않아 나름대로 견고하게 영역 표시를 할 수 있다.

이 밖에도 남성의 음낭 온도를 정밀하게 측정해 왼쪽이 오른쪽보다 높다는 결론을 내린 프랑스 툴루즈 3대학의 로저 뮤세 박사팀에서 해부학상을, '기저귀 갈아주는 기계'를 발명한 이란 아미르카비르기술대의 이만 파라박시 교수가 공학상을 받았다. 그리고 개나 고양이를 훈련할 때 활용하는 '클리커 트레이닝(잘하면 '딸깍' 소리를 들려주고 보상을 제공해 훈련하는 방법)'이 외과의사들의 수술 훈련에도 효과적이라는 것을 밝힌 미국 연구팀에서 의학교육상을 받았다.

한편 세균을 퍼뜨리기 가장 좋은 지폐는 루마니아 지폐라는 것을 밝힌 네덜란드 연구팀에게는 경제학상이, 웃는 표정을 지으면 실제로 행복해진다는 것을 발견한 30년 전 본인의 연구가 실제로는 그렇지 않다고 실토한 독일의 심리학자 프리츠 슈트라크에게는 심리학상이 돌아갔다.